FABBRI EDITORI

LYON

A CACCIA DI ENTITY

FABBRI
EDITORI

Pubblicato per

FABBRI EDITORI

da Mondadori Libri S.p.A.

Prima edizione: ottobre 2018
Quarta edizione: dicembre 2018
ISBN 978-88-915-8029-0

Progetto grafico e impaginazione: Francesco Visicchio
Illustrazioni di Andrea Cavallini

A tutti voi che ci avete accompagnato in questo viaggio, per anni o per pochi giorni, è dedicato questo libro. Nelle pagine che seguono vedrete concludersi un'avventura che abbiamo vissuto in duecento video su YouTube. Un traguardo impressionante, degno di una serie TV, che senza il vostro supporto non sarebbe stato possibile raggiungere.

Nonostante questa storia sia ormai giunta alla fine, quando guardo al futuro vedo che tante altre seguiranno. Sempre più epiche, ma soprattutto sempre insieme a voi.

A CACCIA DI
ENTITY

Dal diario
di Lyon

Giorno 70

Sono passati quasi due mesi dalla fine della nostra splendida avventura, non riesco ancora a crederci!

Anna, Stefano, Mario e io ci eravamo messi in viaggio sperando di poter accedere alla dimensione degli esseri dalla testa tonda, una sorta di divinità che, nascoste dietro uno schermo, sembrano dominare la nostra realtà e i nostri destini. E invece, quasi per caso, ci siamo ritrovati a salvare il mondo dal malvagio Herobrine, una creatura assetata di odio e di vendetta che voleva distruggere ogni cosa!

E poi quanti incontri, quante battaglie... duelli su galeoni di pirati fantasma, lotte con serpenti giganti, incontri con abitanti di villaggi maledetti! Ma il più importante è stato quello con lo Straniero, che poi ho scoperto essere Steven, il fratello di Herobrine. Non ricorda la sua vera identità, ma anche lui sembra destinato a vagare in questo mondo per l'eternità. Il suo animo però, a differenza di quello del fratello, è buono e altruista. Ed è la persona più saggia che conosca. Per questo ora sono in cammino per incontrarlo: con il suo aiuto, spero di poter scoprire come raggiungere la dimensione delle divinità oltre il vetro.

Questa volta il mio è un viaggio solitario, che ormai dura da giorni e giorni. Ma domani raggiungerò finalmente il punto segnato sulla mappa che Steven mi ha lasciato l'ultima volta che ci siamo incontrati.

Ormai muoio dalla curiosità di scoprire cosa mi attende, ma il sole stava calando e ho preferito rifugiarmi in questa capanna abbandonata. Se prima infatti non era sicuro viaggiare di notte, ora lo è ancora meno. Negli ultimi tempi strani eventi hanno iniziato a manifestarsi e sono sempre più frequenti...

Quando fa buio aggirarsi all'aperto è davvero pericoloso: ovunque si incontrano orde di creature feroci, alcune delle quali sembrano uscite da un racconto dell'orrore. E anche il rassicurante bagliore della luna si è trasformato in una inquietante pozza di luce sanguigna che farebbe vacillare persino i guerrieri più coraggiosi.

Di giorno la situazione non è migliore. La terra sta perdendo il suo aspetto vitale e verdeggiante, lasciando spazio a lande aride e contaminate, infestate da esseri ostili. All'inizio erano solo piccole zone limitate, ma pare che questo maleficio si stia espandendo a gran velocità.

Più volte ho incrociato lungo il mio cammino gruppi di villici costretti ad abbandonare le loro case per andare in cerca di un luogo dove la minaccia non fosse ancora giunta. Mi chiedo quanti villaggi stiano affrontando lo stesso flagello, e soprattutto se la stessa cosa sta capitando anche alla mia famiglia e i miei amici. Saranno in pericolo?

Nella mia solitudine mi capita sempre più spesso di pensare a loro con grande nostalgia. Mi mancano davvero tanto. Immagino la faccia di Anna se sapesse anche solo un briciolo di quello che ho passato in questo periodo! A dire il vero, però, mi spaventa molto di più la scenata che mi farà per essere partito da solo!

Ormai fuori è buio e il bagliore rossastro della luna sorgente sta iniziando a tingere ogni cosa intorno a me. Sarà meglio sprangare porta e finestre, se non voglio avere qualche brutta sorpresa durante la notte. Devo riposare perché domani mi aspetta l'ultima tappa del mio viaggio!

Il contagio

«Shhh! Volete che ci scoprano!»

«È Stefano che mi ha spinto...»

«Non è colpa mia se sei più ingombrante di uno zombi gigante. Forse devi metterti a dieta!»

«Smettetela di punzecchiarvi e datevi una mossa. Sono andati in quella direzione!»

Procedevo in testa, Mario e Stefano a ruota. Con il cuore in gola avanzavamo in fila indiana nel fitto della foresta, la stessa in cui tempo prima avevamo provato insieme a Lyon a creare quell'assurdo portale. Seguivamo a distanza di sicurezza il sindaco e quattro vecchi saggi del villaggio e, quando quelli raggiunsero una piccola radura e si fermarono, ci nascondemmo dietro a un cespuglio cercando di non produrre alcun suono.

Da lì osservammo increduli la scena di fronte ai nostri occhi: il gruppetto si trovava ai piedi di un grande albero che spiccava tra i pallidi e slanciati fusti delle betulle, e lo scrutava con un'espressione di angoscia e disgusto. Il suo aspetto infatti era tutto fuorché normale: il tronco sembrava in più punti marcio e dalle crepe del legno fuoriusciva una sorta di resina violacea e maleodorante, che aveva contaminato come un morbo mortifero tutto il terreno circostante, divenuto della stessa tinta inquietante.

Rimanemmo a bocca aperta, inorriditi. E finalmente tutto ci fu chiaro.

Da giorni il villaggio era in fermento, i taglialegna entravano e uscivano dal palazzo del sindaco, che a un certo punto aveva indetto una riunione con i saggi senza però lasciar trapelare nessuna notizia ufficiale. Tra gli abitanti iniziava a serpeggiare una sottile inquietudine.

E non era tutto! Da quando Lyon se n'era andato il mondo sembrava impazzito, avvenivano fenomeni insoliti e la luna aveva assunto una sgradevole colorazione rossastra. Dovevamo assolutamente sapere cosa stava accadendo.

Così quella mattina ci eravamo appostati davanti al palazzo del capo villaggio e quando lo avevamo visto uscire insieme ai saggi e avviarsi verso il bosco, avevamo capito che era giunto il momento di agire. Ma non credevamo che avremmo assistito a uno spettacolo simile.

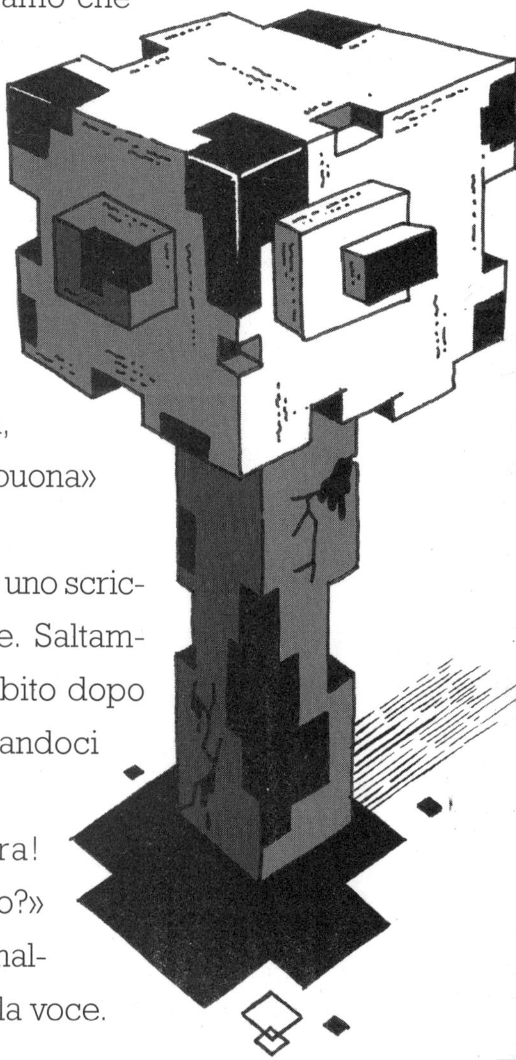

«È un albero o un mostro?» balbettò Mario, mentre Stefano non riusciva nemmeno ad articolare una sillaba.

«Qualunque cosa sia, non ha l'aria di essere buona» sussurrai sbalordita.

All'improvviso udimmo uno scricchiolio alle nostre spalle. Saltammo come tre molle e subito dopo ci acquattammo guardandoci attorno.

«Cavolo che paura! Cos'era, lo avete visto?» bisbigliò Stefano che finalmente aveva recuperato la voce.

«Tranquilli, è solo un animale» li rassicurai vedendo un coniglietto saltellare via.

Ci voltammo di nuovo verso la piccola radura.

«Ehi, ma che diav...»

Non ci eravamo accorti che anche il terriccio alla base del cespuglio era madido di quella strana sostanza purpurea e i nostri piedi ne erano rimasti inzaccherati.

«Che schifo!» esclamò Mario cercando di ripulirsi.

Ma fu impossibile. Le nostre scarpe parevano irrimediabilmente contaminate e iniziammo anche ad avvertire un leggero bruciore alla pelle dei piedi.

«Sentite, abbiamo visto abbastanza... Anche il sindaco e i saggi si stanno muovendo, rischiamo che si accorgano di noi, meglio filarcela» suggerii.

Per farlo però fummo costretti a toglierci le scarpe e ad abbandonarle in quella melma, facendo poi bene attenzione a dove mettevamo i piedi.

Ce ne andammo scalzi e con un grosso, enorme peso sulle spalle.

Camminammo immersi ognuno nei propri pensieri, ma una volta giunti al villaggio ruppi il silenzio: «Ragazzi, che facciamo? Quell'albero è davvero inquietante».

Non avemmo però il tempo di discuterne perché scoprimmo che anche il sindaco era tornato e aveva indetto d'urgenza un'assemblea richiamando tutti i cittadini.

Nella piazza principale, di fronte a un pubblico allibito, raccontò di come alcuni taglialegna avessero individuato per caso il malefico albero da cui pareva essersi originato una specie di morbo che minacciava di contagiare l'intera foresta facendola marcire. Ordinò di abbattere subito la pianta e sradicarne le radici, nella speranza di arginare quello che aveva definito come l'oscuro sortilegio di una strega e impedire che l'intero bosco diventasse viola. Decise anche di eliminare per precauzione le betulle circostanti.

Senza perdere tempo ci dirigemmo tutti verso la radura, dove i taglialegna si misero subito al lavoro attorno all'arbusto stregato. I più rimasero in disparte, timorosi. Stefano, Mario e io ci sistemammo invece in prima fila. Ma la situazione era peggiore di quanto avremmo mai immaginato.

Dopo qualche colpo d'ascia, le lame affondarono nel tronco molle rimanendovi intrappolate. Lentamente il fusto iniziò ad afflosciarsi sotto il suo stesso peso, emanando vapori nauseabondi e spargendo tutto intorno la sua linfa nociva.

Quando poi i taglialegna si misero a scavare per rimuovere le radici, scoprirono che nel terreno si estendeva in ogni direzione – e chissà per quanti blocchi – una sottile rete violacea.

Il sindaco decise allora di prendere in mano la situazione: «Concittadini, tornate alle vostre case e non avvicinatevi alla foresta per nessun motivo, almeno fino a che non avremo capito come affrontare questo pericolo!».

La Fuga

Nei giorni seguenti la situazione non migliorò. Il sindaco provò a far costruire un muro attorno alla zona infetta, a bruciare una parte di vegetazione, ma niente: nonostante i tentativi di arginare il maleficio, quello si espandeva sempre di più, e a grande velocità. Alcuni abitanti, spaventati, decisero di partire, mentre altri si illusero che il contagio si sarebbe limitato al bosco. Purtroppo non fu così: il morbo viola alla fine raggiunse le case alle porte del villaggio, e poi iniziò a corrodere vie ed edifici.

Con grande fatica riuscimmo a convincere anche le nostre famiglie ad andarsene, in modo da mettersi al sicuro e informare quante più persone possibile dell'imminente pericolo. Mentre noi, rifugiatici nella zona più lontana dal bosco, decidemmo di rimanere per provare a trovare una soluzione a quella tragedia.

Così, a due settimane dalla comparsa dell'albero viola, pensavamo che saremmo rimasti soli. Invece ci sbagliavamo. Anche un'altra persona aveva deciso di non abbandonare il villaggio: Julius, uno dei grandi saggi nonché il vecchietto più scorbutico dell'universo. Impossibile costringerlo a partire. Alcuni avevano provato a farlo ragionare, ma lui li aveva messi in fuga agitando il bastone come un ninja, gridando: «Sono nato qui e, per tutti gli Avvizziti, è qui che morirò!». Poi si era barricato in casa.

Presto avevamo scoperto che l'unica possibilità di convivere con il nostro unico vicino era stargli alla larga, specie dopo che aveva sorpreso Mario a camminare nel vialetto di casa sua e gli aveva scagliato contro una padella facendogli un occhio nero. A difesa di Julius, bisogna dire che Mario stava tentando di intrufolarsi nella sua proprietà alla ricerca di scorte di cibo...

Per farci perdonare, da quel giorno prendemmo l'abitudine di lasciargli dei manicaretti in dono e pian piano riuscimmo a guadagnarci la sua fiducia, cosa che ci garantì il permesso di avvicinarci alla casa senza timore di essere presi a padellate.

Alla fine ci concesse il grande onore di entrare nella sua dimora, dopo due ore di occhiatacce intimidatorie e raccomandazioni di non toccare nulla. Più che un'abitazione, sembrava un santuario dedicato alla conoscenza: le pareti erano coperte di scaffali pieni di libri vecchissimi e sparsi qua e là vi erano antichi manufatti e attrezzi bizzarri di ogni genere, molti dei quali a noi del tutto sconosciuti.

Adocchiammo subito diversi volumi polverosi: la biblioteca e il museo del villaggio erano stati distrutti dal contagio senza che fossimo riusciti a recuperare granché, perciò le nostre ricerche teoriche erano giunte da un bel pezzo a un punto morto. Ma forse proprio in quei tomi avremmo potuto trovare dei preziosi indizi su ciò che stava accadendo nel bosco di betulle e su come sconfiggere il morbo viola...

Appena accennai a prenderne uno, però, Julius mi fulminò con lo sguardo e in tono brusco mi disse: «Ragazzina, so cosa state cercando di fare tu e i tuoi amichetti, ma ormai è inutile. È meglio per voi che corriate dalle vostre famiglie, finché potete ancora farlo con le vostre gambe».

Cercai di spiegargli quanto fosse importante capire come salvare il villaggio e quanto i suoi libri potessero rivelarsi utili, ma il vecchio scoppiò a ridere.

«E cosa pensate di fare voi tre? Siete solo dei ragazzini. Questa è una cosa seria, non uno di quei giochetti con cui passate le giornate.»

Mario e Stefano a quel punto sbottarono: «Noi non siamo dei ragazzini! Abbiamo salvato il mondo già una volta e niente ci impedirà di farlo di nuovo!».

«Ancora quella storia?» disse lui, sarcastico. «Voi non avete salvato proprio un bel niente se non nelle vostre teste!»

Mantenendo la calma, e prima che i ragazzi avessero il tempo di ribattere dando il via a un battibecco infinito, ribadii: «Julius, abbiamo davvero sconfitto Herobrine!!!».

All'udire il nome del nostro antico avversario il vecchio scattò in piedi e, con il viso paonazzo e lo sguardo infuocato, gridò inviperito: «Sciocchezze! Buffonate! Herobrine non esiste! Voi siete soltanto dei mocciosi arroganti in cerca di attenzioni e ora volete fare gli eroi sfruttando la disgrazia capitata al nostro povero villaggio! Via immediatamente da casa mia!».

Come una furia ci cacciò e nei giorni successivi non si fece vedere né sentire.

Stefano e Mario erano così furibondi che all'inizio pensarono di intrufolarsi in casa sua di notte, rubare quanti più libri possibile e scappare via prima che si svegliasse, ma per fortuna riuscii a farli ragionare. Uno come Julius è molto meglio averlo come amico che come nemico. Così stabilimmo che saremmo andati a fargli visita per scusarci e tentare di persuaderlo nuovamente.

Peccato che proprio quella mattina fummo svegliati all'alba da uno spaventoso scossone e ancora mezzo addormentati ci precipitammo fuori: lo spettacolo che ci trovammo davanti ci riempì di terrore. La stradina di ciottoli che conduceva alla porta di casa nostra stava sprofondando in una palude violacea e ribollente, ripugnanti fumi purpurei si levavano dal terreno e le piante del giardino affondavano avviluppate nella morsa di…

«Cosa accidenti sono quegli affari?!» strillai in preda al panico.

Bianchi in volto, stavamo osservando dei giganteschi tentacoli viola stringere nelle loro spire anche le ultime macerie del villaggio.

«Che diavolo fate lì impalati? Scappate!» Era Julius.

Accadde tutto talmente in fretta che ancora adesso i miei ricordi sono confusi. Scampai per un soffio alla sferzata di un grosso tentacolo e rotolai sull'erba. Julius era sulla soglia di casa: gridava come un ossesso cercando di trasportare un enorme sacco. Stefano corse verso di lui schivando i tentacoli e si caricò in spalla il vecchio, mentre io urlavo a Mario di radunare lo stretto necessario, infilarlo in uno zaino e scappare a gambe levate.

«In che direzione andiamo?» chiesi agli altri. Ero confusa e circondata dal caos, incapace di prendere qualsiasi decisione.

«Di là, Anna! Verso il fiume, non è troppo distante! Forse lì saremo al sicuro» mi rispose Mario concitato.

Ci mettemmo a correre a perdifiato ma non riuscimmo a fare a meno di girarci indietro, almeno una volta, per vedere che cosa stesse accadendo: al posto del nostro villaggio, in lontananza, ormai c'era un anello aggrovigliato di rami violacei con al centro una palude gorgogliante nella quale si agitava furioso un Kraken demoniaco.

Fummo colti dal più profondo sconforto. Io riuscii a stento a trattenere le lacrime, completamente sotto shock. Ma non c'era tempo da perdere, dovevamo metterci in salvo!

Quando raggiungemmo il fiume, i miei polmoni erano sul punto di esplodere. Mi piegai appoggiandomi alle ginocchia per riprendere fiato ma sobbalzai a un grido improvviso. Cosa stava succedendo ancora?

«Adesso basta!»

Mi voltai verso Stefano, che puntava Julius con sguardo torvo e gridava furioso: «Non mi importa se sei un vecchio pazzo a cui un sibilante ha fatto esplodere l'aiuola e se ti alzi ogni giorno con il piede sbagliato! Ci servono i tuoi libri e ci servono adesso!».

Mario si affiancò a lui e incalzò in tono deciso: «Il nostro villaggio è distrutto per sempre e nessuno sembra sapere cosa fare per fermare questa devastazione. Non abbiamo più niente da perdere... Devi aiutarci!».

Il vecchio li fissò sbalordito, colto alla sprovvista, poi chinò il capo, sospirando.

«Avete le vostre vite, che sono più preziose di qualsiasi altra cosa. Lasciate che siano gli adulti a risolvere le catastrofi. Voi giovani, sempre a fare gli eroi...»

A quel punto esclamai: «Ma stavolta non c'è nessuno che possa farlo al posto nostro!».

Con un sorriso amaro, Julius rispose: «Immagino proprio di no...» e, dopo aver frugato nel grosso sacco, tirò fuori alcuni libri impolverati.

«Non so se possano esservi utili» aggiunse. «Erano di una persona molto saggia, che me li ha affidati tanto tempo fa pregandomi di custodirli e di non darli a nessuno. Ma ora le cose sono cambiate... Fatene buon uso e, se mai ci rivedremo, me li restituirete. Intatti. Ci siamo capiti?»

La speranza si riaccese nei nostri cuori: forse avremmo finalmente scoperto qualcosa di utile! Lo ringraziammo e ci offrimmo di accompagnarlo alla città più vicina, ma lui rifiutò con ostinazione.

«Non vi ho consegnato alcune delle cose più preziose che ho per poi farvi perdere tempo!»

«Ma tu dove andrai?» domandò Mario allarmato.

«Non temete, so cavarmela. E poi sono un tipo solitario, non voglio marmocchi tra i piedi. Piuttosto voi altri datevi una mossa a sistemare questo disastro, così potrò tornare a casa mia!»

Quindi si allontanò nella direzione opposta da dove eravamo arrivati. Io e i ragazzi ci scambiammo un'occhiata sconcertata, ma sapevamo che non avremmo potuto far niente per convincere quel vecchio testardo, ed era meglio rispettare la sua decisione.

Ancora terrorizzati dal ricordo degli enormi tentacoli viola, ci rendemmo conto che l'oscurità sarebbe presto calata e l'ultima cosa che volevamo era avere un incontro ravvicinato con dei mostri. Così ci costruimmo un rifugio di fortuna utilizzando i pochi attrezzi che Mario era riuscito a infilare nello zaino, e decidemmo che il mattino seguente ci saremmo diretti verso la nostra vecchia casa sulla collina, che fortunatamente si trovava a solo un giorno di cammino. Dopo l'attacco di Herobrine non era rimasto che un cumulo di macerie, ma l'avremmo ricostruita da cima a fondo, magari migliorandola, e nel frattempo avremmo dormito nel piccolo magazzino che avevamo ricavato di fianco all'ingresso della miniera. Poi ci saremmo dedicati giorno e notte a spulciare i libri di Julius.

Non potevamo più stare ad aspettare Lyon: era arrivato il momento di iniziare una nuova avventura. Con o senza di lui.

Prima di addormentarmi tirai fuori dalla tasca un foglietto stropicciato. Era l'unico messaggio che ci aveva lasciato prima di andarsene. Lo rilessi ancora una volta:

Cari amici,

siamo appena tornati a casa dopo aver affrontato una serie di peripezie ai limiti dell'assurdo, ma devo ripartire.

Non ho idea di quando tornerò e preferisco non dirvi dove sto andando. Ma sono certo che questo viaggio porterà a una svolta decisiva nella nostra missione per raggiungere le divinità oltre il vetro.

Fidatevi di me!

A presto,

Lyon

In preda alla rabbia, appallottolai il foglio e maledissi lui e la sua avventatezza per l'ennesima volta.

Ma avvertii anche una tremenda preoccupazione. «Lyon, come stai? Dove sei? Abbiamo bisogno di te...» sospirai. E sprofondai esausta in un sonno agitato.

Giorno 71

Ieri notte è stata un incubo, sono riuscito a mala pena a dormire.

Con il sorgere della luna rossa nella foresta si è scatenato l'inferno, ma per fortuna le barricate alla porta e alle finestre sono riuscite a resistere agli incessanti attacchi dei ragni e degli zombi che, fino a pochi istanti prima dell'alba, hanno tentato di irrompere nel mio rifugio di fortuna.

Quando finalmente la situazione mi è sembrata tranquilla, ho preso il coraggio a due mani e ho iniziato a rimuovere le assi di legno. Con mia sorpresa, non appena l'ultima tavola si è staccata, la porta si è spalancata da sola.

Accecato dalla luce improvvisa, ho impiegato qualche istante per mettere a fuoco la figura che mi osservava da fuori, ma l'ho riconosciuta non appena mi ha parlato con il suo tono di voce profondo e cordiale.

«Per fortuna stai bene. Per un attimo ho temuto il peggio!»

Non potevo crederci: davanti ai miei occhi c'era Steven! Alla fine era stato lui a trovare me. Indossava lo stesso lungo soprabito logoro del nostro primo incontro e lo stesso cappello a tesa larga gli nascondeva parte del volto.

Emozionato e stupito, l'ho abbracciato esclamando: «Pensavo di trovarti al punto segnato sulla mappa. Come mai sei qui?». Non l'ho chiamato per nome, perché ancora non sapevo se avesse recuperato la memoria.

«Amico mio, è bello rivederti! Ho pensato che potessi essere in difficoltà e sono venuto a cercarti. Questo posto non è sicuro. Per la verità ormai non c'è un posto sicuro da nessuna parte. Presto, dobbiamo andarcene subito!»

Pochi minuti dopo eravamo immersi nella foresta, muovendoci rapidi e silenziosi. Abbiamo camminato tutto il giorno in un desolato paesaggio viola putrido, popolato da minacciose mucche e da maiali viola altrettanto putridi.

Persino i Sibilanti erano di quel colore odioso e la loro carica esplosiva molto più potente di quella dei loro cugini verdi (se non fosse per Steven, non sarei qui a raccontarlo).

Nel tardo pomeriggio finalmente il panorama intorno è cambiato e si è tramutato in un vitale verde smeraldo. Davanti a noi si è parata una muraglia naturale, al cui interno era possibile accedere soltanto attraverso una stretta fessura nascosta tra rocce acuminate e piante fittissime.

Senza Steven a fare da guida credo che non sarei mai stato in grado di individuarla.

In preda a un lieve senso di claustrofobia, ho seguito il mio amico tra le fronde graffianti, rischiando di scivolare sulle ripide rocce, e ci siamo infilati tra le altissime pareti di pietra.

Man mano che avanzavamo nell'ombra, avevo la strana impressione di scendere nel sottosuolo, finché, dopo aver girato uno stretto angolo, una fenditura di luce è comparsa all'improvviso.

Scostando una tenda di rampicanti, Steven è sparito in un bagliore accecante. I miei occhi ci hanno messo un po' a riabituarsi alla luce e quando infine sono stato in grado di guardarmi intorno, mi sono reso conto che non eravamo affatto nel sottosuolo, ma in una splendida vallata.

Probabilmente ci trovavamo in quello che millenni prima era stato un vulcano e che ora accoglieva nel suo cratere un meraviglioso paradiso naturale. Ovunque crescevano alberi dalle chiome verde brillante e la distesa d'erba soffice e rigogliosa era punteggiata da fiori splendenti come stelle.

Al centro della valle c'era un lago dalle acque cristalline sulla cui superficie era sospeso un piccolo isolotto, a cui si poteva accedere tramite un ponticello, sormontato dal più incredibile albero che avessi mai visto.

Posandomi una mano sulla spalla, Steven ha sorriso del mio stupore.

«Questa è la Valle della Vita, una delle fonti vitali della nostra realtà, e quello laggiù è l'Albero del Mondo.»

Spalancando gli occhi per la sorpresa, ho ripescato nella mia memoria un'antica leggenda riguardante un mistico albero a cui sarebbe legata indissolubilmente la vita del nostro mondo. E io che ero convinto che si trattasse solo di una vecchia storia priva di fondamento! Eppure ormai dovrei aver imparato la lezione...

«Lyon, in questo momento l'Albero del Mondo è in grave pericolo e ha bisogno di noi. Anzi, ha bisogno di te» mi ha detto Steven mentre ci dirigevamo verso l'isolotto.

Il sinuoso fusto si attorcigliava allungando i suoi rami in ogni direzione e tendendo la sua chioma argentata verso il cielo. Ero rapito dal movimento ipnotico delle foglie iridescenti sospinte dalla brezza, quando all'improvviso l'ho notato.

«Le foglie dell'albero... si stanno seccando!» ho esclamato.

Con sguardo sconfortato, Steven ha annuito. «Quando ho lasciato sul tavolo di casa tua la mappa che ti avrebbe condotto in questo luogo, mai avrei pensato che di lì a poco ci saremmo trovati in una situazione tanto drammatica. Incontrare te e il tuo coraggio, Lyon, ha risvegliato in me antiche memorie ed è soltanto per merito tuo se ora ricordo chi sono davvero.»

A queste parole il mio volto si è illuminato di gioia. «Quindi ora sai di essere Steven, il fratello di Herobrine!»

«Sì. Durante il nostro primo incontro avevo avuto la sensazione che tu saresti stato in grado di dissolvere la nebbia dai miei ricordi e già allora avevo deciso di ripagarti con qualcosa di tanto importante per te quanto lo è per me la mia identità. Per questo volevo che tu venissi qui. Era mia intenzione aiutarti nel tuo progetto di trovare un accesso alla dimensione delle divinità oltre il vetro. Purtroppo, però, ora non posso farlo e sono costretto a chiederti di rimandare, almeno per il momento, la tua grande avventura.»

Ammetto di essere rimasto parecchio deluso, dopo tutta la strada che avevo fatto e i pericoli che avevo affrontato!

Ma Steven aveva l'aria davvero tesa e preoccupata, doveva essere accaduto qualcosa di estremamente grave. Del resto anche io mi ero accorto della disgustosa malattia violacea che aveva infettato le foreste. Nessuno avrebbe potuto ignorarla, si espandeva ogni giorno di più.

Steven ha continuato a parlare, e mi ha raccontato una storia terribile. Mi ha spiegato che la calamità viola si chiama Pandemonium e che è stata scatenata da Entity, il Custode, un essere potentissimo il cui compito sarebbe quello di preservare l'equilibrio del nostro mondo.

Sfortunatamente, forse anche a causa dei problemi creati dalla fuga temporanea di Herobrine, il Custode è stato preso da una sorta di delirio di onnipotenza, e ha deciso di cancellare la realtà così come la conosciamo, per poterla riplasmare da capo a suo piacimento.

Una cosa da niente, insomma...

«È da tantissimo tempo che vago per il nostro mondo e ormai sento di essere destinato a proteggerlo. Così ho trovato rifugio nella Valle della Vita, cercando di difendere questo luogo così splendido e vitale per noi. Ma ho fallito: il Custode è penetrato qui ed è riuscito a infettare l'Albero del Mondo. È per questo che il morbo, proprio come sulle foglie di questa pianta meravigliosa, si sta espandendo ovunque. Entity è fuggito prima che potessi fermarlo, ma almeno sono riuscito a vedere come ha fatto: si è servito di un artefatto di cui forse hai già sentito parlare, il vaso di Pandora. È un vaso che contiene piaghe e sciagure le quali, una volta liberate, portano morte e devastazione. È da lì che si è generato il Pandemonium» ha concluso Steven, senza mai smettere di osservare l'Albero con aria preoccupata.

«Fantastico, siamo fregati» ho commentato sarcastico.

«Non finché ci sarete tu e i tuoi amici.»

«Andiamo, cosa possiamo fare? Siamo soltanto dei ragazzini!»

«Che hanno imprigionato Herobrine, un essere dannato, la più malvagia delle creature» ha sottolineato lui in tono incoraggiante. «Solo con il vostro aiuto il mondo potrà salvarsi di nuovo. Io sono solo, non sono abbastanza forte, e poi il mio compito è restare qui: non posso permettere che il Custode violi questo luogo sacro un'altra volta. Ma quello di trovare il vaso di Pandora spetta a voi. Impossessarsi di quell'oggetto è l'unico mondo per controllare il Pandemonium e arrestarlo. Solo dopo potremo pensare a Entity e a come sconfiggerlo. Perché se l'infezione all'Albero del Mondo proseguirà, sarà la fine... la nostra realtà morirà insieme a lui.»

Proprio mentre Steven pronunciava quelle parole una foglia violacea è caduta dall'alto, sfiorandomi la guancia.

«E come posso fare a recuperare il vaso?» ho domandato atterrito.

Di colpo Steven si è preso la testa tra le mani, cadendo in ginocchio.

«Steven! Cosa succede?!»

Stringendo i pugni e tentando di rimettersi in piedi, ha sussurrato in preda al dolore: «N-non è niente... Solo un... un po' di mal di testa... Succede ogni volta che cerco di ricordare il mio passato...».

Temo che il mio amico non abbia ancora recuperato del tutto la memoria.

Ma la crisi non è durata molto, e dopo qualche minuto è tornato ad avere l'espressione gentile e serena di sempre.

Ha sorriso di nuovo e con voce tranquilla ha detto: «Non temere. Adesso è tardi, è ora di recuperare le forze, ma domani ti spiegherò. Ci saranno altre sorprese per te».

E adesso sono proprio curioso di scoprire di cosa si tratta...

La casa sulla collina

Quella mattina, quando uscii dal magazzino vicino alla miniera, il sole splendeva in cielo, l'aria era tersa e tutto sembrava tranquillo. Mario e Stefano stavano ancora dormendo, ma io mi sentivo inquieta: c'era troppo da fare! Rientrai nel deposito e cercai di svegliarli.

«Ahhh! No! Stai lontano maledetto viscido tentacolo!» si agitò Mario nel dormiveglia.

«Tranquillo, non sono un mostro, sono io...» lo rassicurai con dolcezza. Eravamo ancora tutti scossi dagli avvenimenti dei giorni precedenti. Anche Stefano ci mise un po' a riaprire gli occhi e a rendersi conto di dove si trovasse. Di certo nessuno aveva dormito sonni sereni. Ma una volta fuori all'aria aperta i ragazzi si rianimarono subito.

«Forza, rimettiamoci al lavoro! Oggi dobbiamo terminare la ricostruzione della casa, abbiamo bisogno con urgenza di un nuovo rifugio: non ho più intenzione di dormire dentro questo stanzino pieno di polvere e ragnatele!»

Mario e Stefano non poterono che dirsi d'accordo e tutti insieme scendemmo nella cava. Non avevamo portato con noi quasi nulla, ma per fortuna al nostro arrivo, due giorni prima, nel deposito avevamo ritrovato alcuni attrezzi con i quali avevamo iniziato a raccogliere materiali ed erigere i muri. Anche quella mattina recuperammo dalla miniera un buon numero di blocchi di pietra e in poco tempo aprimmo quattro finestre nelle pareti e costruimmo un secondo piano. Poi andammo a tagliare la legna per le assi della porta.

A sera la struttura era terminata. Certo, mancavano ancora la scala e gli arredi ma nel complesso eravamo stati davvero bravi: una volta finita sarebbe stata una casa super carina! Quasi identica a quella di prima. Aggiungemmo qualche torcia qua e là per tenere lontane le creature ostili e la notte non ci avrebbe più fatto paura.

Guardai soddisfatta il frutto delle nostre fatiche.

«Sono a pezzi!» dissi accasciandomi per terra.

«Già, io pure. E sto anche morendo di fame» aggiunse Mario.

In effetti dal giorno prima, quando ci eravamo sgranocchiati qualche mela, non avevamo ancora mangiato nulla...

«L'oscurità sta scendendo. È troppo tardi per andare a caccia o a pesca, ma abbiamo ancora il tempo di fare un giro qui intorno in cerca di provviste» suggerì Stefano.

Oltre la collina la foresta non era ancora stata infettata dal misterioso morbo viola. Perlustrammo un po' i dintorni e all'ombra di un gruppo di rocce trovammo alcuni funghi particolarmente grandi.

«Ancora zuppa?! Bleah, finirà che mi trasformo in un fungo pure io... Magari ci fosse un bel maialino!» borbottò Stefano.

«Smettila di lamentarti e accontentati, la situazione è già abbastanza difficile» lo rimproverai.

«Ehi ragazzi, guardate, un pollo! Lì, vicino a quel cespuglio!» urlò Mario d'un tratto.

Non li avevo mai visti correre tanto veloce. In un battibaleno erano addosso al malcapitato animale. Dopo una breve colluttazione con spargimento di penne, i due tornarono delusi verso di me.

«Direi che per stasera dovrete accontentarvi. Ora è meglio se torniamo verso ca...»

Stavo per finire la frase quando qualcosa sibilò sfiorando il mio orecchio e andò a conficcarsi nel tronco dell'albero di fronte. Una freccia!

Ed era solo la prima. Nel giro di due secondi ronzavano dardi come se piovesse e iniziammo a udire un rumore come di sferragliamento di ossa. Sempre più vicino.

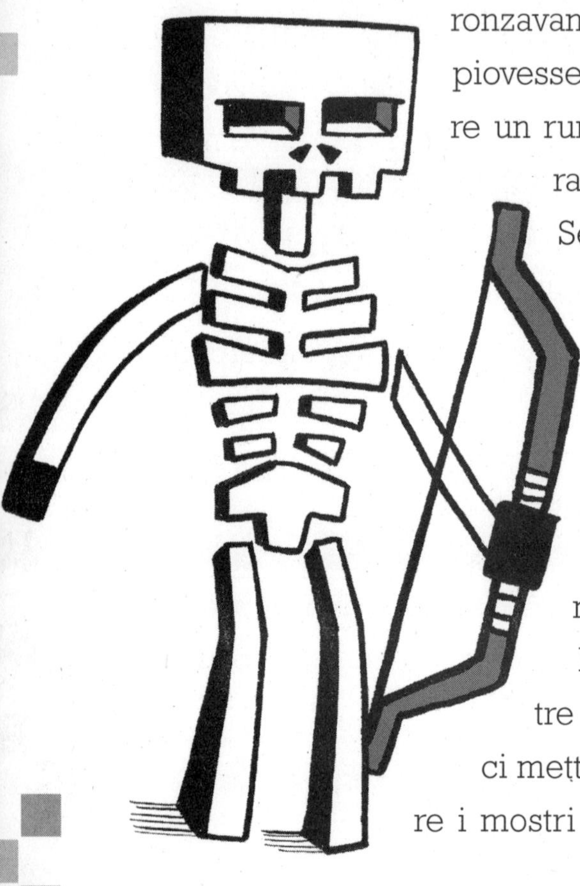

«Sono scheletri! Presto, nascondiamoci dietro agli alberi!»

«Non abbiamo armi, cosa facciamo?!»

Raccattando le pietre a portata di mano, ci mettemmo a bersagliare i mostri da dietro i tronchi ma non avremmo resistito a lungo. Ci erano quasi addosso.

«Non perdiamo tempo, non possiamo batterli!» gridò Stefano a quel punto. «C'è una sola cosa da fare: scappare!»

Gambe in spalla e funghi sotto braccio, ci lanciammo in una corsa disperata, tenendoci bassi e passando da un albero all'altro per proteggerci. L'orda di scheletri ci stava dietro ma non era ancora buio pesto, avevamo qualche possibilità di cavarcela. Spinti dalla forza della paura, risalimmo la collina e ormai senza fiato raggiungemmo la porta. Facemmo appena in tempo a chiudercela alle spalle prima che una freccia vi si piantasse nel mezzo. Il posto giusto per appenderci un cartello di benvenuto.

Ansimanti e con le gambe molli ci lasciammo cadere sul pavimento.

«Ho il sospetto che prima degli arredi sarà meglio costruirci delle armi» fu il commento di Mario.

E fu proprio quello che facemmo nei giorni seguenti, oltre a realizzare la mobilia per il nostro rifugio.

Quando tutto fu pronto, arrivò finalmente il momento di dare un'occhiata ai libri di Julius. Una sera, dopo cena, ci raccogliemmo intorno al fuoco. Presi uno dei volumi, lo guardai con trepidazione e, circondata dai miei amici, lo aprii alla prima pagina.

Mille e uno modi di cucinare il merluzzo, recitava il frontespizio.

«Che cosa?!» sbottò Mario. «Un libro di ricette? Dobbiamo capire come sconfiggere una tremenda calamità, non diventare dei cuochi!»

Provai con un altro: *Come tingere le armature con le tinture vegetali*. Un terzo si intitolava *Circuiti di pietra rossa per dilettanti*. E poi ancora *Tutto sull'allevamento dei cuccioli di slime*...

Ci guardammo allibiti e delusi. «Calma, ragazzi» intervenni. «Ci sono altri tomi, forse troveremo qualcosa di meglio.»

Li sfogliammo uno a uno, gli argomenti erano i più svariati, ma nessuno c'entrava nemmeno lontanamente con quello che stavamo cercando. Quando arrivammo all'ultimo, avevo quasi le lacrime agli occhi per la frustrazione. Era più grande degli altri e aveva una copertina viola riccamente ornata da pietre. Sembrava molto antico.

Lo aprii e voltai alcune pagine. Poi ne voltai altre con frenesia crescente. Dannazione!

«In che diavolo di lingua è scritta questa roba?» domandò Mario, la cui rabbia stava montando sempre di più.

«Non ne ho la minima idea, l'unica cosa che so è che non è la nostra...» rispose Stefano ormai totalmente disilluso.

Controllammo ogni singola riga di ogni singola pagina, ma per noi erano solo scarabocchi incomprensibili, del tutto indecifrabili. Con stizza presi i libri e li gettai lontano mentre Mario inveiva contro Julius.

«Quel maledetto vecchietto! Ci ha fatto penare per giorni per ottenere qualcosa di assolutamente inutile: questi libri ci servono meno di una mucca senza latte. E poi, guardate: a questo volume viola incomprensibile manca persino la prima pagina! Prima si raccomanda di prendersene cura, e poi ce li consegna già fatti a pezzi!»

Cercai di riacquistare il controllo, respirai a fondo. «Ok» dissi «non perdiamoci d'animo. Non è possibile che non servano a niente. Dobbiamo studiarli con calma, rappresentano la nostra unica speranza, non possiamo arrenderci!»

Lentamente andai a recuperarli, ma in cuor mio non mi sentivo così ottimista. Quanto avrei voluto che Lyon fosse lì... lui avrebbe trovato un modo per sbloccare la situazione con una delle sue imprevedibili pensate.

Ma Lyon non c'era, e noi eravamo a un punto morto: i libri non ci avevano fornito alcuna indicazione sul fantomatico morbo viola e, dopo l'incontro con gli scheletri, avevamo capito che eravamo totalmente fuori forma. Quindi tanto valeva allenarsi un po'.

Stabilimmo un programma serrato: maratone, tiro con l'arco, combattimento con la spada. Ogni giorno. Quei due sfaticati dei miei amici, però, ci misero poco a ricadere nella pigrizia.

Un pomeriggio uscimmo per una corsetta; sapevo di averli staccati di un bel po' ma quando arrivai col fiatone alla porta di casa e mi voltai, fui costretta ad assistere a una scena pietosa.

«Ste', non ce la faccio più!» piagnucolò Mario sfinito, gettandosi carponi sull'erba arida.

Stefano si girò verso di lui e gli tese la mano per aiutarlo, esclamando esausto: «Ci siamo quasi, un ultimo sforzo!».

Con un gesto molle Mario scansò la mano di Stefano e rotolandosi sulla schiena rimase disteso sull'erba, il viso paonazzo e madido di sudore.

«Nooo... Bastaaaa! Ho mangiato mezzo maiale arrosto a pranzo, volete farmi morire?!?»

Seccata, li raggiunsi lungo il pendio, dove se ne stavano entrambi sdraiati per terra, con un'espressione di sfinita beatitudine stampata sul volto.

«Ragazzi, non di nuovo! Ma perché non riuscite a prendere sul serio i nostri allenamenti?»

«Noi ci proviamo, ma è impossibile correre sotto questo sole infuocato con tutto quel cibo ancora sullo stomaco!» ribatté Stefano senza aprire gli occhi, mentre Mario si dava dei colpetti soddisfatti sul ventre tondeggiante, prova evidente della recente abbuffata.

«Quando Lyon tornerà e dovremo affrontare questo maleficio che sta distruggendo ogni cosa, nessun mostro smetterà di inseguirvi solo perché vi siete ingozzati come se non ci fosse un domani.»

Sollevandosi appena e puntellandosi sui gomiti, Mario mi guardò e disse: «Esatto, quando Lyon tornerà».

«Quindi, finché possiamo, continueremo ad abbuffarci e a fare i nostri riposini pomeridiani» concluse Stefano. «E a proposito di riposini...»

I due si scambiarono un'occhiata complice, poi si alzarono solo per andare a stendersi qualche metro più in là, all'ombra di un albero.

Sotto il mio sguardo sbalordito, poco dopo si addormentarono, accarezzati dalla brezza che arrivava dal mare e si infilava tra le curve morbide delle colline, solleticando le chiome degli alberi e gli steli d'erba.

«Bravi, dormite pure! Ma da domani dieta a base di zuppa di funghi!» urlai loro mentre mi allontanavo presa dallo sconforto, ma troppo infastidita per rientrare in casa.

Camminai proseguendo oltre il colle e raggiunsi la spiaggia. Mi sedetti sulla sabbia, la schiena poggiata a un vecchio tronco sbiancato dall'acqua marina, e rimasi a fissare il movimento regolare e ipnotico delle onde.

«Che stupidi» borbottai con stizza mentre distrattamente affondavo le dita nella sabbia sottile. «Lyon tornerà molto presto e allora vedremo chi ha ragione.»

Giorno 72

Dopo aver parlato con Steven, ho deciso di ripartire subito per riunirmi ai miei amici e trovare un modo per combattere la devastazione che si sta abbattendo su questo mondo. Non è la missione che avevo pianificato, ma credo che sarà elettrizzante lo stesso!

Continuerò ad annotare le mie avventure su questo diario, Steven mi ha raccontato che anche lui ne teneva uno. Dice che è importante conservare la memoria di quel che accade.

Come dargli torto: la sua, di memoria, è come un secchio pieno di buchi, fa acqua da tutte le parti. Comunque aveva ragione quando diceva che avrei avuto altre sorprese.

Oggi mi ha regalato una sfera di vetro luminescente. Al suo interno è contenuto un meraviglioso fiore a sei petali dal colore argenteo e dai riflessi iridescenti.

«Questo è uno dei fiori dell'Albero del Mondo» mi ha spiegato. Ti permetterà di conoscere in ogni momento lo stato di avanzamento del Pandemonium.»

Osservandolo meglio mi sono accorto che la punta di uno dei petali era leggermente violacea.

«Questo fiore sarà il vostro conto alla rovescia. Se il Pandemonium avanzerà a tal punto da corrompere fino all'ultimo petalo, sarà la fine.»

Guardando il bocciolo con un istintivo senso di protezione, ho dichiarato deciso: «Non accadrà, te lo assicuro».

L'ho riposto nello zaino con cura, in modo da non danneggiarlo durante il viaggio, e subito l'agitazione della sera prima ha ricominciato a tormentarmi: la strada di ritorno era lunga, il tempo invece scarseggiava e noi dovevamo agire al più presto.

«Seguimi» mi ha detto Steven prima ancora che potessi aprir bocca, conducendomi di nuovo sulla riva del lago al centro del quale troneggiava l'Albero del Mondo.

Non l'ho notato subito, ma quando mi sono voltato ho visto un cubo appoggiato a terra. Non appena vi ho posato lo sguardo, ho sentito la mia mente fondersi come in una specie di vortice: ogni faccia del cubo conteneva contemporaneamente tutte le dimensioni del mondo e soltanto quando Steven mi ha strattonato sono riuscito a staccare gli occhi da quell'oggetto, scosso come non mai.

«Perdonami Lyon, avrei dovuto metterti in guardia prima di mostrartelo. Questo oggetto è chiamato "Confine dell'Abisso". È un piccolo portale che funge da ponte istantaneo tra due luoghi differenti, e contiene tutti i luoghi possibili. Può condurre ovunque ma bisogna fare molta attenzione. È un oggetto singolare e potente, e guardarlo troppo a lungo senza avere la consapevolezza di cosa sia conduce alla pazzia. Di fronte alla sua esistenza la mente è messa a dura prova, e il suo utilizzo, per quanto semplice in apparenza, è in realtà molto complicato: attraversare lo spazio-tempo non è uno scherzetto. Ogni utilizzo ne consuma la carica, e a ricaricarsi ci mette un bel po' di tempo. Quando è in funzione lo capisci perché ha l'aspetto attuale, in cui puoi cogliere in un colpo d'occhio l'intero universo. Quando è scarico sembra un normale cubo di ossidiana nera. Per usarlo è sufficiente pensare al luogo desiderato e toccare una delle facce; quando dall'interno si toccherà la stessa faccia, si giungerà a destinazione. Se ci si entra senza avere in testa un luogo preciso si rischia di perdersi nel limbo dimensionale.»

«Limbo dimensionale?» ho chiesto confuso.

Steven ha annuito. «È la linea sottile che separa una dimensione dall'altra, in cui spazio e tempo non esistono. Posto per nulla piacevole, soprattutto per trascorrerci l'eternità.»

Ho deglutito mentre una gocciolina di sudore mi bagnava la fronte. «Incredibile...» ho sussurrato.

«Grazie al Confine» ha continuato lui, «potrai ripercorrere la via del ritorno in un attimo e ricongiungerti ai tuoi amici.»

Nell'istante in cui Steven ha accennato al mio caro vecchio villaggio, il suo ricordo si è fatto strada nella mia mente e subito, su una delle facce del Confine dell'Abisso, è apparsa la sua immagine! Cioè, non esattamente...

Invece dei vialetti fioriti e delle ordinate case dei

villici, il cubo mostrava una scena di totale devastazione. Il villaggio era in rovina e pareva essersi trasformato in una palude viola abitata da orribili esseri tentacolari! Cos'era successo? Dov'erano i miei amici e i nostri genitori?

L'ansia mi ha travolto come un fiume in piena. Possibile che durante la mia assenza il Pandemonium fosse arrivato a tanto? Ho rivolto a Steven un'occhiata disperata e interrogativa, alla quale lui non ha saputo rispondere.

«La situazione è peggiore di quanto immaginassi» ha detto con lo sguardo velato da un'ombra scura di preoccupazione. «Non voglio pensare al peggio, ma dobbiamo fare in fretta. Dove credi che possano essere andati a rifugiarsi i tuoi amici?»

Sapevo che era impossibile, perché tecnicamente era esplosa e non esisteva più, ma il primo posto che mi è venuto in mente è stato la casa sulla collina... E con mia enorme sorpresa è comparsa sul cubo! Era leggermente diversa ma, ne ero certo, era lei, e il paesaggio attorno era lo stesso.

«Quello è il nostro rifugio, ed è stato ricostruito!

Allora forse i miei amici sono lì e stanno bene!» ho esclamato pieno di felicità.

Steven ha annuito sollevato: «Presto, devi partire. Mentre voi localizzate il vaso di Pandora e provate ad arrestare il Pandemonium, io farò delle ricerche per capire come sconfiggere il Custode». Poi, vedendo il mio sguardo preoccupato, ha aggiunto: «Non temere, questo non è certo un addio. Ci rivedremo molto presto, te lo assicuro».

Ascoltando quelle parole mi sono sentito di nuovo carico e pronto ad affrontare qualsiasi peripezia, così mi sono messo lo zaino in spalla e ho teso la mano a Steven, che l'ha stretta con affetto.

Poi sono tornato a guardare il cubo e la casa sulla collina.

«Una volta dall'altra parte, ricorda di conservare il Confine dell'Abisso con grande cura.»

Ho annuito sorridendo e nel frattempo ho toccato il cubo. In un istante sono sprofondato nel buio e mi è parso di precipitare nel vuoto. Poi, una volta riacquistato l'equilibrio, mi sono ritrovato schiacciato all'interno dell'artefatto.

Senza smettere di pensare alla destinazione, ho allungato la mano verso la faccia dove, come dietro a una finestra di vetro, appariva la casa, ma poco prima di posarvi le dita ho sentito la voce di Steven che mi chiamava.

«Lyon, aspetta! Nella fretta stavo quasi per dimenticare di dirti la cosa più importante!»

Incerto su quale direzione guardare, ho sollevato la testa verso l'alto.

Il volto di Steven mi osservava, ma era completamente distorto come attraverso uno specchio deformante.

«Di che si tratta?» ho chiesto urlando.

«Uno dei miei vecchi libri contiene delle informazioni sul vaso di Pandora. Anni fa l'ho affidato...»

Riuscivo a fatica a sentire la sua voce.

Probabilmente il trasferimento stava per completarsi e il collegamento con la valle si stava troncando.

Le parole di Steven erano ormai sono un flebile mormorio.

«In che senso? Steven, non riesco a capire!»

«Decifrare» è l'unica altra parola che sono riuscito a sentire, prima che le comunicazioni si interrompessero definitivamente.

Allora mi sono voltato di nuovo verso il vetro e ho visto i miei amici uscire dalla casa.

Di nuovo insieme

Un'altra settimana passò senza che ci fossero novità.

Ogni giorno consultavo uno dei libroni di Julius senza fare alcun progresso. Stefano e Mario dal canto loro erano impegnati quasi esclusivamente a godersi il sole e ad abbuffarsi di cibo (non c'era stato verso di fargli mangiare altra zuppa di funghi!).

La collina era ancora integra, ma osservando dall'alto il territorio circostante potevamo renderci conto di quanto il maleficio viola si stesse diffondendo.

Orribili esseri infetti, mostri e animali di ogni tipo, si facevano sempre più audaci e avevamo l'impressione di non essere al sicuro nemmeno con la luce del sole. Persino le creature in genere innocue e neutrali sembravano aggressive: maiali, polli, mucche.

Più di una volta, poi, avevamo visto un branco di lupi gironzolare liberi nella foresta dall'altro lato della collina. Noi badavamo a non dar loro fastidio ma, forse spinti dalla fame, un giorno ci presero di mira. Eravamo fuori, intenti a curare l'orto, quando all'improvviso li vedemmo avvicinarsi di corsa, con il pelo irto. Colti alla sprovvista, ci di-

fendemmo con le zappe come meglio potevamo e riuscimmo a rintanarci in casa. Da allora ci parve una buona idea lasciare le torce accese anche durante giorno...

Lyon continuava a non dare notizie di sé e cresceva in noi la preoccupazione che gli fosse accaduto qualcosa.

Una mattina mi svegliai mentre i ragazzi russavano immersi in un sonno profondo. Pensavo di andare alla spiaggia a rilassarmi un po', ma non appena aprii la porta un lampo azzurro attirò la mia attenzione.

Mi affacciai dall'uscio con cautela, temendo qualche stregoneria, e quando il bagliore si spense notai un curioso cubo spiccare poco lontano tra gli aridi steli d'erba.

Dopo qualche attimo di incertezza sul da farsi, tornai al piano superiore e cercai di svegliare Stefano e Mario, cosa per nulla semplice.

Stefano borbottò frasi incomprensibili infilando la testa sotto il cuscino, mentre Mario si nascose sotto le lenzuola mormorando qualcosa di molto simile a: «Ancora cinque minuti, mamma».

Senza tanti complimenti strattonai via le coperte ed esclamai: «È comparso uno strano oggetto qua fuori, dovete venire a vedere!».

Cinque minuti dopo osservavamo il cubo dalla porta, senza sapere se fosse meglio avvicinarsi o lasciarlo lì sperando che sparisse così com'era comparso.

«E se si trattasse di qualcosa di pericoloso?» chiese Mario.

«È immobile... Se non ci avviciniamo non lo sapremo mai» sentenziò Stefano fissando il blocco con un misto d'ansia e interesse.

D'un tratto una delle facce del cubo si illuminò di azzurro, emanando un bagliore talmente potente che fummo costretti a ripararci gli occhi.

«Ehi, amici! Ciao, vi sono mancato?»

Al suono di quella voce così familiare, lasciai cadere le braccia lungo i fianchi e istintivamente corsi in avanti. Non appena gli fui di fronte, la mano si mosse da sola contro il suo viso mollandogli un sonoro schiaffone.

Restai a fissare la guancia rossa per qualche secondo, gli occhi brucianti, poi mi lanciai su Lyon piangendo rabbiosa.

«Sei un idiota! Un maledetto idiota!»

Senza reagire, lui si limitò a stringermi forte accarezzandomi i capelli.

«Mi sei mancata tanto anche tu...»

Mario e Stefano ci raggiunsero e si unirono ai saluti.

«Ehm, non vorrei rovinare questo momento così

romantico, ma ci siamo anche noi! Bentornato Lyon!» disse Stefano, con un leggero imbarazzo.

«Finalmente sei qui, è bello rivederti! Che fine avevi fatto? E che accidenti è questo coso nero?» domandò Mario.

«Poi vi spiego tutto. Ho un sacco di novità da raccontarvi, ragazzi! Ma prima ditemi, i nostri genitori sono salvi? Purtroppo ho avuto modo di vedere il destino a cui è andato incontro il nostro villaggio, spero che tutti i villici siano riusciti a fuggire come voi!»

Dopo averlo tranquillizzato, passammo l'intera giornata in casa a farci spiegare da Lyon tutto sul suo viaggio, dimenticandoci perfino di pranzare. Ascoltai ogni sua parola stringendo nervosa un cuscino tra le braccia, incapace di scacciare dalla mente il pensiero che sarebbe potuto accadergli qualcosa di tremendo.

Ci rivelò, tra lo stupore di tutti, che lo Straniero in realtà era Steven, il fratello di Herobrine misteriosamente scomparso secoli prima. L'ultima volta che lo avevamo incontrato, gli aveva lasciato un messaggio e una mappa con una destinazione segnata da una croce.

Lyon aveva intuito la sua vera identità, per questo era partito lasciandoci soli. E anche per scoprire come raggiungere le divinità dalla testa tonda, ovviamente. Aveva ancora la stessa fissazione!

«Avresti potuto dircelo, stupido egoista incosciente che non sei altro!» lo rimproverai, più con affetto che con rabbia. Ero così contenta del suo ritorno che ormai ogni traccia di rancore era scomparsa dalla mia voce.

Lyon ci parlò della valle nascosta nella montagna e dell'Albero del Mondo, aggiornandoci sulla natura della catastrofe viola e su chi l'avesse scatenata. Solamente pensare al Pandemonium e al vaso di Pandora ci fece venire i brividi. Per non parlare di Entity.

Poi ci mostrò il Fiore dell'Albero del Mondo e ci descrisse la natura e il funzionamento del Confine dell'Abisso, per mezzo del quale aveva fatto ritorno alla casa sulla collina. Non sembrava essere niente di più di un banale cubo nero, ma, a quanto pareva, una volta carico diventava un artefatto talmente potente da indurre alla follia chiunque lo guardasse senza precauzioni. Al termine del racconto non sapevamo se essere più strabiliati o spaventati.

«È surreale... lo Straniero è...» mormorò Stefano con sguardo perso nel vuoto, ancora stordito dall'enorme mole di informazioni che Lyon ci aveva dato in così poco tempo. «E Steven è davvero sicuro che saremo capaci di combattere un... come l'hai chiamato?»

«Custode dell'Ordine» ripeté lui, per poi continuare: «Sì, è convinto che ce la faremo. Per prima cosa però dobbiamo occuparci del Pandemonium e ci ha dato tanti elementi su cui lavorare».

«Come il vaso di Pandora?» domandai io inquieta.

Lyon annuì. «Sì, anche se non so proprio da dove cominciare. Steven ha parlato di vecchi libri in cui trovare le informazioni che stiamo cercando, ma...»

«Un momento!» scattò Mario. «Prova a guardare qui!» e corse a prendere la catasta di antichi volumi affidatici da Julius.

Non appena li ebbe davanti, Lyon saltò in piedi e iniziò a studiarli avidamente.

«Ma chi ve li ha dati?»

«Il vecchio Julius» rispose Mario.

«Quel villico insopportabilmente lunatico e bisbetico?»

«Proprio lui» chiosò Stefano. «Ha detto che gli erano stati consegnati da una persona molto saggia. E non sai che fatica abbiamo fatto a farglieli sganciare.»

«Immagino! Ma Julius dov'è adesso?»

A quel punto toccò a noi fare il resoconto delle nostre avventure. Mentre parlavamo, interrompendoci a vicenda nella concitazione del racconto, Lyon sfogliò alcuni dei vecchi tomi, lasciando scorrere le dita sulle pagine, poi disse: «Chissà, forse potrebbero essere davvero i libri di Steven... non sarebbe la prima volta che quelle che sembrano essere incredibili coincidenze, si rivelino invece attenti dettagli di un piano perfettamente congeniato da lui. Forse li ha lasciati al nostro villaggio proprio perché sapeva che un giorno ci sarebbero serviti!».

«Ma allora perché non darli direttamente a noi?» chiese Mario.

«Be', che cosa avete portato con voi quando siete fuggiti dal Pandemonium?» rispose Lyon.

«Un paio di polli arrosto, costolette di maiale, tre torte di mele, un chilo di biscotti...» iniziò a elencare Stefano, quando finalmente capì dove voleva arrivare Lyon «... e una vanga!» concluse.

«Ok, abbiamo afferrato il concetto» disse mogio Mario.

«Invece tra i nostri concittadini non c'è nessuno più in grado di Julius di tenere al sicuro qualcosa, è praticamente inavvicinabile!» esclamai io, ritrovando improvvisamente tutto l'entusiasmo per quei libri, che avevo perso nei giorni precedenti.

«Magari fosse così, ma resta il fatto che voi qui non avete trovato nulla. Giusto?» disse Lyon.

Sconfortati gli confessammo che purtroppo, oltre a non sapere bene cosa cercare, ci pareva che i testi non contenessero nessun indizio utile, e ce n'era uno che risultava addirittura incomprensibile.

«In che senso?» chiese Lyon confuso.

Gli allungai il grande libro viola e quando lo aprì capì in un istante a cosa ci stessimo riferendo.

«Accidenti! Che razza di lingua sarebbe?!»

«Se lo sapessimo...» sbuffai demoralizzata.

Lyon continuò a studiare le pagine ingiallite, quando all'improvviso un ruggito soffocato vibrò alle nostre spalle. Voltandoci di scatto ci ritrovammo a fissare Mario che, con aria sofferente sbottò: «Non guardatemi così, tutto questo parlare mi ha fatto venire fame!».

Per tutta risposta le nostre pance si unirono a quella di Mario, borbottando affamate, e solo in quel momento ci rendemmo conto che il sole era calato.

«Ok, per oggi abbiamo parlato abbastanza!» esclamò Stefano allegro, alzandosi in piedi. «Qui ci vuole una bella cena di bentornato.»

Ci mettemmo tutti insieme a cucinare e, per la prima volta dopo mesi, passammo una serata meravigliosa, a ridere e scherzare. Per qualche ora dimenticammo il Pandemonium e persino Steven, limitandoci a essere semplicemente quattro amici felici di trovarsi ancora insieme.

Poi, vinti dalla stanchezza, Stefano e Mario si addormentarono sulle poltrone con un sorriso beato stampato sul volto, e io ne approfittai per riordinare la cucina e pulire la mole impressionante di piatti e pentole.

Solo una volta terminato, mi accorsi che Lyon era ancora sveglio, il capo chino sui libri.

«Non sei stanco?» gli domandai.

«Sì, ma sono anche elettrizzato. È stata davvero una bella serata, grazie della cena» rispose, avvicinando a sé una sedia per farmi accomodare al suo fianco. «Non mi ero reso conto di quanto mi foste mancati fino a ora» e si voltò verso i ragazzi che russavano sommessamente.

«Grazie a te per essere tornato» sussurrai guardandolo intensamente.

«Stamattina non mi sembravi tanto contenta!» esclamò ridendo e toccandosi la guancia. «Sento ancora che mi brucia!»

Avvampando per l'imbarazzo, esclamai sulla difensiva: «Te lo sei meritato! E non ti conviene punzecchiarmi perché posso benissimo mollartene un altro!».

Si coprì il volto fingendosi spaventato: «Oh no, ti prego, risparmiami!». Poi scoppiò a ridere e aggiunse: «Ora che so di cosa sei capace, ci penserò due volte prima di farti arrabbiare!».

Mi fu impossibile restare seria e finii per unirmi alla sua risata, ma percepii nei suoi occhi un'ombra di inquietudine.

«Lyon c'è qualcosa che ti turba?» chiesi tornando seria. Subito dopo, notando la sua espressione sarcastica, aggiunsi: «Intendo, oltre alla nostra missione "salviamo il mondo, di nuovo"...».

Lui sorrise amaramente e sospirò. «Non ti si può nascondere niente» commentò scivolando sulla sedia, poi finalmente si decise a esprimere i suoi dubbi. «Mi sono aggrappato alla speranza che questi fossero davvero i libri di Steven, ma riguardano argomenti senza senso oppure sono illeggibili. Se non troviamo niente tra queste pagine, io non so dove altro cercare.»

Comprendevo la sua delusione, ci ero passata anch'io. Provai in ogni caso a incoraggiarlo.

«Forse non abbiamo capito come consultarli. È come se ci mancasse la chiave per decifrarli.»

«Ma certo, decifrarli! È esattamente la parola che ha usato Steven, come ho fatto a dimenticarlo?»

All'improvviso Lyon scattò in piedi, manco l'avesse colpito un fulmine, rovesciando la sedia a terra e facendomi sobbalzare. Con tutto quel frastuono Stefano e Mario si svegliarono di soprassalto.

«Uhm? Ma che ore sono?» biascicò Mario stropicciandosi gli occhi.

«Accidenti, ma è l'una di notte! Cosa fate ancora svegli?» esclamò poi Stefano guardando l'orologio.

Senza attendere una risposta, entrambi si alzarono dalle poltrone, barcollando verso di noi e prendendo posto intorno al tavolo.

«Yaaawn... Ancora con questi libri?» borbottò uno di loro sbadigliando.

«Già! Anna mi ha appena fatto venire in mente una cosa importante che Steven mi ha detto prima di congedarci. Però ero già dentro il Confine dell'Abisso, non riuscivo a sentirlo bene.»

Sospirando sonoramente, Stefano si alzò. «Ok, qui ci vuole del caffè. Sento già che sarà una lunga notte...»

«Buona idea» convenne Mario incrociando le braccia sul tavolo e poggiandovi la testa, ancora mezzo addormentato. «Da dove iniziamo?»

Fissavamo tutti Lyon, mentre Stefano serviva il caffè.

«Il libro viola!» esclamò lui, dopo aver vuotato la tazza in un solo sorso e facendo cenno a Stefano di versargliene dell'altro. «Tra tutti è l'unico scritto in una lingua sconosciuta, e dunque è l'unico da decodificare!»

«Vero. Ma Steven non ti ha spiegato come fare, anche ammesso che sia davvero il suo libro» ribattei togliendo la tazza di mano a Lyon.

Lyon si adombrò. «Sono certo che sia così. Purtroppo il trasferimento è terminato e il collegamento si è interrotto prima che finisse di parlare.»

«Siamo al punto di partenza» disse Mario scoraggiato.

«Un momento, non possiamo usare il Confine dell'Abisso per tornare da Steven e chiedergli spiegazioni?» proruppe Stefano tutto esaltato.

«Certo. Se solo il cubo funzionasse. Da quel che ho capito ci vuole molto tempo perché si ricarichi e...» Lyon si interruppe.

«E non sai come si fa. Un'altra delle cose che Steven ha dimenticato di spiegarti. Be' possiamo sempre usarlo come fermaporta» conclusi ironica.

In pochi istanti il malumore si diffuse fra noi.

«Probabilmente ci sta sfuggendo qualcosa» dissi con cautela. «Poniamo che l'intuizione di Lyon sia giusta e che il libro viola sia quello di cui parlava Steven. Forse è crittato perché il nostro amico ha adottato delle precauzioni per tenerlo al sicuro, così come ha fatto con il Confine dell'Abisso. Ma ci dev'essere uno strumento che ci consenta di usarlo.»

«Non hai tutti i torti» mi appoggiò Stefano. «Magari si tratta di qualcosa che abbiamo già!»

«Per esempio?» domandò Lyon ancora sconsolato.

Mario tirò fuori dalla tasca il suo portamonete incantato e vi infilò il braccio frugando alla ricerca di qualcosa che facesse al caso nostro.

«Lente d'ingrandimento... Sedia... Statuetta di un maiale... Libro sulle betulle... Vestiti vecchi... Questo credo sia un divano... Aaargh!»

Mario urlò di colpo, lanciando il borsellino per aria e rischiando di sommergere la stanza con tutte le cianfrusaglie che vi erano contenute.

«Che accidenti ti prende?!» urlammo fissandolo sconvolti.

«Ho toccato qualcosa di grosso e appiccicoso e non mi sembravano affatto le mie... ehm... lasciamo perdere...»

«Cos-AAAAAARGH!»

Una strana gelatina verdastra fuoriusciva dal borsellino e si allargava sul pavimento.

«Cosa diamine è quella porcheria?!» gridai saltando sulla sedia.

La melma verde continuò a sgorgare dal borsellino facendolo ribollire, come se qualcosa di decisamente più grande stesse cercando di farsi strada.

«Fate qualcosa!» gridai in preda al panico e subito Lyon si lanciò sul portamonete che, incredibilmente, sostenne il suo peso continuando ad agitarsi.

«Mario, ma cosa diavolo hai infilato in questo affare?!» urlò Lyon aggrappandosi al borsellino come nel bel mezzo di un rodeo.

«Non lo so!» gridò Mario correndo a dar manforte a Lyon e salendo a sua volta sul portamonete.

Di colpo intravidi due grandi occhi neri rotolare fuori dal borsellino, mentre la gelatina assumeva dimensioni inquietanti.

«Cavolo, ma è uno slime gigante!» strillò Stefano, fiondandosi in soccorso dei suoi amici e spingendo con quanta più forza possibile per costringere la creatura a rientrare nel portamonete.

«Caccola!» sbraitò a quel punto Mario. «Ecco dov'era finito!»

Troppo impegnati a cercare di contenere lo slime per inveire contro Mario, i ragazzi si rivolsero a me: «Anna, ci serve una mano! Cerca di chiudere il borsellino mentre noi rispediamo dentro questo schifo!».

Con una dose abbondante di disgusto mi avvicinai titubante al borsellino che ormai aveva raggiunto le dimensioni di una pecora, incerta su cosa fare.

«Al mio tre» urlò Lyon. «Noi spingiamo e tu chiudi! Uno... Due... Tre!»

I ragazzi si tuffarono sul portamonete con quanta forza avevano e non appena lo slime non fu più visibile, serrai i gancetti del borsellino, sigillandolo.

Immediatamente questo riacquistò le dimensioni originali, e noi ci ritrovammo scaraventati a terra in mezzo a una pozza di gelatina appiccicosa.

«Che orrore!» protestai tentando di rimettermi in piedi, mentre gli altri guardavano Mario furiosi, ricoperti di bava verde.

«Povero Caccola...» mormorò lui accarezzando il borsellino con affetto.

«Non fiatare, tu!» sbraitarono i ragazzi tentando di rialzarsi, ma continuando a scivolare.

Sospirai esausta e appiccicosa. «Io vado a levarmi questo putridume di dosso e vi consiglio di rimettere tutto in ordine al più presto, altrimenti vi lascerò qui a dormire!» Me ne andai quasi correndo, con l'unico desiderio di un bagno caldo e abiti puliti.

Verso le tre del mattino riuscimmo a liberarci del tutto della bava dello slime e, stanchi come non mai, ci trascinammo a letto.

A luci spente, udii Mario mormorare dal letto un sommesso «Buonanotte Caccola» in direzione del suo borsello, prima di mettersi a russare.

Restai in silenzio a guardare fuori dalla finestra per un po', la mente troppo affollata dalla quantità smisurata di novità per poter tornare quieta.

«Non riesci a dormire?»

Mi voltai verso Lyon che, dal letto accanto al mio, mi osservava nell'ombra.

«Credi che saremo in grado di decriptare il libro di Steven?» sussurrò dubbioso.

Rimasi qualche momento in silenzio, ripensando a quante ne avevamo passate, io e i ragazzi.

«Ne sono sicura al cento per cento. Se restiamo uniti siamo capaci di cose che chiunque altro troverebbe impossibili.»

Gli sorrisi nel buio e in qualche modo fui certa che stesse sorridendo anche lui, rincuorato.

Gli augurai la buonanotte, sentendomi infine

vincere dalla stanchezza, e poco prima di addormentarmi lo udii sussurrare: «È bello essere di nuovo insieme».

L'Incantavolo

Uno dei pochi aspetti positivi dell'assenza di Lyon era la quiete che regnava senza di lui: niente grida, niente esplosioni né qualsiasi altro genere di rumore molesto. E fu questa la prima cosa di cui sentii la mancanza la mattina seguente.

A svegliarmi fu un improvviso grido euforico di Lyon, seguito subito dopo da quelli di Stefano e Mario. Quei tre insieme avevano la capacità di diventare un'incredibile fonte di frastuono.

Scesi in cucina e li trovai seduti attorno al tavolo, sul quale era posato il volume dalla copertina viola.

«Non dirmi che alla fine non hai dormito per colpa di questo libro» sbuffai prendendo posto accanto a Lyon.

Lyon non rispose, ma tirò fuori dal taschino interno della giacca il diario nel quale custodiva, oltre alle sue memorie, appunti e pergamene recuperate durante i suoi viaggi.

«Sai cos'è un Incantavolo?» chiese cogliendomi di sorpresa, per poi continuare senza attendere una risposta. «È un tavolino per mezzo del quale, attraverso l'utilizzo di uno specifico manuale di incantesimi, è possibile incantare armi, attrezzi e armature.»

«So cos'è un Incantavolo!» sbottai. «Ma che c'entra adesso?»

Quando si voltò a guardarmi, sfoggiò la classica espressione di chi sa qualcosa più degli altri e vuole dimostrarlo nel modo più teatrale possibile.

«Non riuscivo a dormire, così mi sono alzato nel cuore della notte e mi sono messo a rimuginare. Ormai avevo perso le speranze di capirci qualcosa, ma sfogliando il libro per l'ennesima volta ho notato che gli manca la pagina iniziale» disse indicando un sottilissimo bordino frastagliato vicino alla rilegatura interna. «Allora mi sono tornati in mente gli appunti che mi aveva consegnato Steven la prima volta che ci siamo incontrati. I caratteri in cui è scritto questo volume mi ricordavano qualcosa e infatti...» così dicendo tirò fuori dal suo diario un vecchio foglio ingiallito e usurato dal tempo. «Guarda, i simboli usati qui sono molto simili a quelli del libro e questo foglio ha un bordo frastagliato, come se fosse stato strappato. Ho provato ad accostarlo al volumone e i bordini coincidono, il foglio che mi aveva dato Steven è la pagina mancante!»

Sgranai gli occhi incredula: «Quindi questo è davvero il suo libro! È lui la persona saggia di cui parlava Julius!».

«Esatto» terminò Lyon soddisfatto. «Ne ero certo. Ma non è tutto. All'epoca Steven non ricordava più come interpretare i propri appunti ma guar-

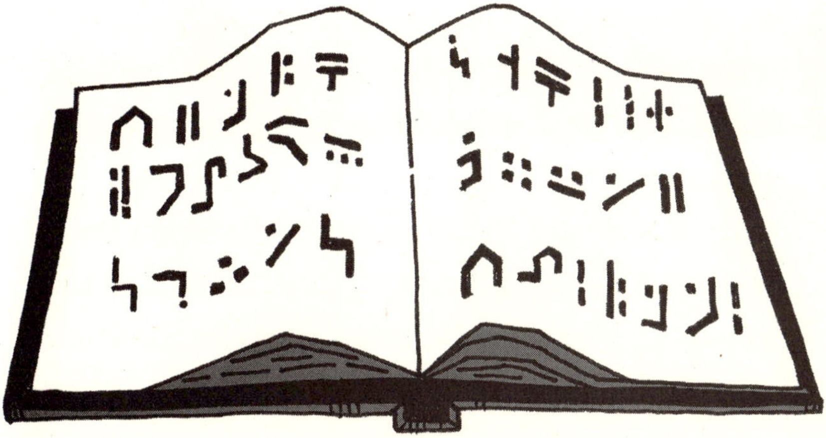

dandoli bene mi è venuto in mente che potrebbero essere scritti in alfabeto galattico, la lingua degli incantesimi. È un linguaggio impossibile da tradurre, a meno che non si utilizzi la magia, dunque perfetto per rendere segreto il contenuto di un libro.»

Folgorata dalla scoperta, scattai con entusiasmo: «Lyon sei un genio! Sapevo che solo tu eri in grado di sbloccare la situazione».

«Modestamente» si beò lui con un sorrisetto. «Può sembrare un'idea folle, ma dato che le rune dell'alfabeto galattico si materializzano e aleggiano nell'aria ogni volta che si usa un Incantavolo, ho pensato che potesse esserci un collegamento tra il libro e l'Incantavolo. In sostanza, credo che inserendo la pagina al suo posto e sistemando il tomo su un Incantavolo succederà qualcosa. Magari su questo foglio è scritto l'incantesimo che renderà leggibile il libro, e sapremo finalmente qualcosa sul vaso di Pandora e su come trovare Entity.»

Stefano e Mario erano già a conoscenza delle riflessioni di Lyon ed erano rimasti in silenzio, ma a quel punto parlarono quasi all'unisono: «Però non abbiamo un Incantavolo».

Li fissai basita, incerta se stessero scherzando o se fossero seri.

«Basta costruirne uno, no? Non ditemi che non sapete come si fa. Servono un libro e dei diamanti, abbiamo già tutti gli ingredienti.»

«Ehm...» borbottò Mario imbarazzato. «Il punto è che... i diamanti non ci sono più.»

«Cosa?!?» scattai arrabbiata. «Ne avevamo un sacchetto pieno! Una delle poche cose preziose che ero riuscita a salvare dalla distruzione del villaggio! Mi avevate assicurato che li avreste custoditi con attenzione!»

«Infatti» annuì Stefano sulla difensiva. «Proprio per tenerli al sicuro avevamo deciso di metterli nel borsellino di Mario e... be'...»

Non fu necessario che terminasse la frase, ricordavo fin troppo bene Caccola. I diamanti erano stati inglobati nella sua melma verde. Sarebbe risultato più facile – e meno schifoso – andare a cercarne altri piuttosto che tentare di recuperarli nel borsellino imbizzarrito di Mario.

«Quei diamanti sono molto più che al sicuro, sono irraggiungibili perfino per noi. Se aspettiamo che Caccola li risputi passano gli anni. Possibile che non riuscite a combinarne una giusta?» sbuffai.

Lyon intervenne in difesa dei ragazzi: «Non arrabbiarti, Anna, lo hanno fatto a fin di bene. Possiamo andare alla miniera a cercare altre pietre, ormai la conosciamo a memoria e non sarà difficile trovare una vena di diamanti».

«Mi sembra l'unica soluzione possibile. Muovetevi e cercate di non combinare altri guai!» brontolai mentre li spingevo fuori dalla porta.

Ci mettemmo subito a scavare nella vecchia miniera, per la prima volta rilassati perché non temevamo più il fantasma di Herobrine. E nel giro di qualche ora recuperammo tutti i materiali necessari e costruimmo l'Incantavolo.

All'apparenza sembrava un semplice tavolino quadrato, anche se molto elegante: era un piccolo mobile di ossidiana finemente intagliato, ricoperto da un drappo di seta rossa con ricami dorati e con quattro diamanti incastonati sugli angoli.

«Speriamo bene» disse Lyon con espressione tesa. Sfilò a una a una le gemme, e quelle rimasero a galleggiare a mezz'aria. Poi afferrò con mani tremanti il tomo viola e, dopo avervi inserito la pagina mancante, lo posò al centro dell'Incantavolo. Reinserimmo agli angoli del mobile le punte dei diamanti, che si agganciarono con uno scatto.

Dapprima non accadde nulla, poi di colpo le gemme che ornavano la copertina iniziarono a brillare e, sollevandosi a mezz'aria, il tomo si spalancò alla prima pagina e una serie di rune prese a vorticare dentro e fuori dal libro.

Rimanemmo a fissare la scena immobili, sussultando quando il libro si richiuse di scatto.

«E adesso che si fa?» domandò Stefano intimorito.

Lyon si accostò all'Incantavolo e disse: «Adesso vediamo se ha funzionato».

Non appena fu abbastanza vicino, il volume si aprì lentamente. Ci stringemmo tutti attorno al tavolino e osservammo con trepidazione la prima pagina.

«Ce l'abbiamo fatta!» esultammo all'unisono. I contenuti erano divenuti finalmente leggibili.

Lyon scandì il titolo: «Buku Magis. Che genere di libro sarà?».

Come se avessero udito la sua domanda, le pagine presero a voltarsi da sole, fermandosi all'indice.

«Sembra un libro di incantesimi» dissi, guardando da sopra la sua spalla.

«Non credo» ribatté Stefano. «Si direbbe piuttosto che contenga notizie su qualsiasi cosa abbia a che fare con la magia.» Indicò alcune sezioni dell'indice riguardanti artefatti, strumenti, pozioni e molti altri argomenti a noi sconosciuti.

Mario si intromise, sbirciando a sua volta: «Ci sarà qualcosa anche sul Pandemonium?».

Come rispondendo a un comando, le pagine vorticarono di nuovo, mentre una fitta rete di caratteri magici fluiva fuori dal libro per poi rientrarvi. Quando infine i fogli tornarono immobili, erano aperti su un capitolo interamente dedicato al tremendo anatema. Tanto sorpresi quanto affascinati, fissammo il manuale con la bocca spalancata.

«Basta nominare un argomento e ci mostra la pagina in cui viene trattato!» esclamò Lyon entusiasta.

Mentre i ragazzi rimanevano imbambolati come davanti a un nuovo portentoso giocattolo, io sfogliai il capitolo: era molto lungo, un gran numero di pagine fittamente scritte.

«Accidenti, ci vorrà un'eternità per studiare tutte queste nozioni» dissi pensierosa.

«Oh, guarda! Qui nomina il vaso di Pandora!» proruppe Lyon indicando un punto della pagina e in un istante questa si voltò, dando il via a un nuovo vorticare che ci portò al capitolo dedicato all'antico artefatto.

Con sollievo stavolta notai che si trattava di poche pagine, gran parte delle quali incentrate sulla serie di mostruosità che lo scrigno conteneva. Accanto alla sua descrizione era stata disegnata un'immagine dettagliata del vaso e vi erano alcune raffigurazioni delle piaghe che era in grado di scatenare, tutt'altro che piacevoli.

Dopo aver letto alcune righe, Lyon sbottò deluso: «Ma queste informazioni le conosciamo già tutte!».

«Oh, non proprio tutte» lo corresse Mario, studiando rapito la descrizione dei poteri del vaso.

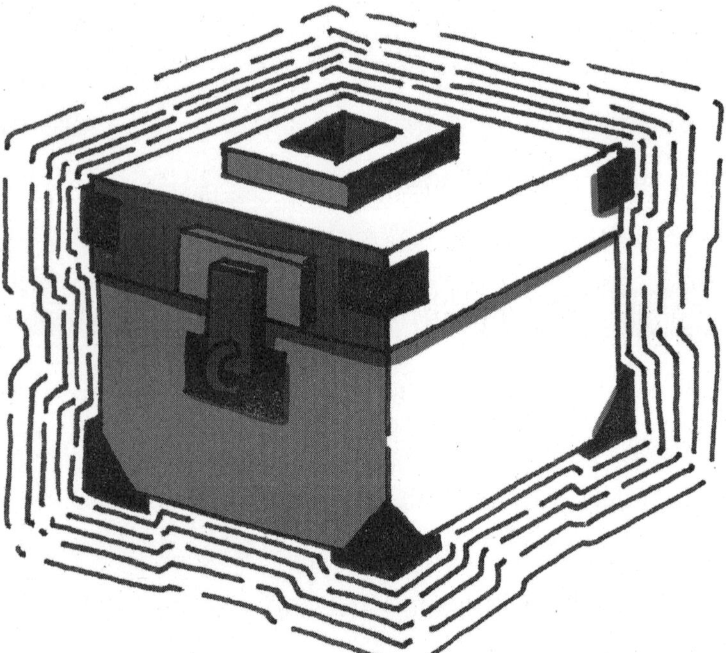

«Aspettate!» esclamai notando solo in quel momento un elenco di date, luoghi e nomi. «Ma questo è uno storico dettagliato dei luoghi in cui il vaso di Pandora è stato avvistato!»

«Davvero?!» esclamarono i ragazzi avvicinandosi ancora di più e schiacciandomi contro l'Incantavolo.

«Fate piano!» piagnucolai scollandomeli di dosso. «Guardate qui, c'è l'intera storia del vaso dalla sua comparsa, con tanto di proprietari!»

Senza perdere tempo iniziai a scorrere la lista, e mi resi conto che c'erano dei buchi di secoli tra un avvistamento e l'altro e che i dati erano talvolta incompleti. Iniziai a perdere le speranze di recuperare qualche dettaglio che mettesse in relazione il vaso con Entity.

Saltammo direttamente alla fine dell'elenco sperando di reperire indicazioni recenti, ma con somma delusione trovammo solo una pagina quasi del tutto bianca, fatta eccezione per un unico paragrafo, che riportava una data precisa e poco altro.

«Luogo: sconosciuto. Proprietario: Baba Yaga» lessi ad alta voce. «Oh, fantastico! Non c'è traccia di Entity e l'ultimo avvistamento segnato qui risale a più di due secoli fa. E non dice nemmeno dove. Che ne pensate?»

«Chiunque fosse il precedente proprietario» considerò Lyon frustrato, «sarà morto e sepolto da un pezzo. In ogni caso il nome non mi dice niente. Voi ragazzi sapete qualcosa di questa Baba Yaga?»

Prima che Mario o Stefano potessero aprire bocca, fu l'Incantavolo a rispondere alla sua domanda. Dopo un rapido sventagliamento, il libro si aprì su un'immagine inquietante: una figura arcigna con mani nodose provviste di lunghi artigli e un orrendo nasone pieno di verruche ci scrutava dritto negli occhi. Anche se si trattava solo di un disegno, era talmente realistico da sembrare vivo e per un attimo tememmo che ci stesse scagliando contro un maleficio.

La didascalia sottostante recitava: "Baba Yaga. Una delle streghe più potenti e temute della storia".

«Credo fosse un tipo tutt'altro che amichevole» farfugliò Stefano inquieto.

«Hai mai conosciuto una strega che lo fosse?» commentò Mario.

«Però pare che sia ancora viva!» esclamò di colpo Lyon voltando pagina e continuando a leggere.

«Questa sì che è una buona notizia! Entity deve aver fatto in modo di cancellare le notizie riguardanti se stesso, ma se Baba Yaga lo possedeva prima di lui, di sicuro saprà dirci qualcosa!» esultai fiduciosa.

«Certo, se per te non è un problema avere a che fare con una delle streghe più temute e cattive della storia» obiettò Mario in tono acido. «Pensi che ti accoglierà con un sorriso e risponderà alle tue curiosità offrendoti un tè con i pasticcini?»

«Nemmeno io sono entusiasta all'idea di andare a farle visita, ma è l'unica opzione che abbiamo» risposi secca.

«Anna ha ragione. Qui dice che la sua abitazione è sempre stata avvistata sugli alberi al centro di foreste e che... Aspettate, forse ho letto male...»

«Dammi qua.» Scansai Lyon e continuai io: «Baba Yaga preferisce vivere al centro di foreste fitte e inospitali, stabilendo la sua abitazione sui rami degli alberi più alti e folti. Famosa è la sua casa mobile che le permette di spostarsi con facilità, dotata di... zampe di gallina?!» lessi sconvolta.

«Ma allora questo cambia tutto!» strepitò Mario, il cui sarcasmo stava raggiungendo livelli isterici. «Ci basterà armarci di sacchi di mangime per polli e trovare la casa-gallina sarà un gioco da ragazzi!»

Ignorandolo, cercai tra i luoghi dove Baba Yaga aveva dimorato, sperando che ci fosse il dato che mancava nell'elenco delle localizzazioni del vaso. «Ecco qui...»

Gli altri sbirciarono curiosi allungando il collo.

Ahinoi, era un posto che già conoscevamo, i cui cieli erano tinti del colore di un eterno tramonto e che a quanto pareva costituiva la residenza preferita dalle creature orrende, dato che era lì che avevamo affrontato la temibile Naga.

«La Foresta Crepuscolare!» leggemmo in coro, pieni di sgomento.

Giorno 73

Sono così contento di essere di nuovo a casa! La solitudine non fa per me, non sono come il vecchio Julius. Ho bisogno di stare con gli altri e di divertirmi. Non c'è niente di peggio della noia, la vita è un'avventura continua in cui c'è sempre qualcosa da imparare.

Anna, Stefano, Mario e io ci siamo appena rincontrati, ma sono già successe moltissime cose, perciò mi sono preso un momento per scrivere sul diario il resoconto di questi due giorni insieme, anche se ho pochissimo tempo perché Anna sta preparando la cena. Le daremmo volentieri una mano, ma lei sostiene di non volerci attorno perché facciamo solo confusione e roviniamo i suoi manicaretti, anche se secondo me Mario e Stefano sono dei cuochi quasi altrettanto bravi.

Per fortuna l'ipotesi che i libri lasciatici da Julius fossero proprio quelli di Steven si è rivelata corretta. E non solo. Grazie ai suoi appunti e a un Incantavolo siamo riusciti a decodificare il contenuto del misterioso libro viola: ancora una volta dobbiamo ringraziarlo per averci dato un aiuto fondamentale!

Così abbiamo scoperto che, prima di Entity, l'ultima ad aver posseduto il vaso di Pandora è stata una strega. Perciò ci stiamo preparando a partire, finalmente di nuovo tutti insieme, per metterci sulle sue tracce: Pandemonium, hai le ore contate!

Dalla Baba Yaga

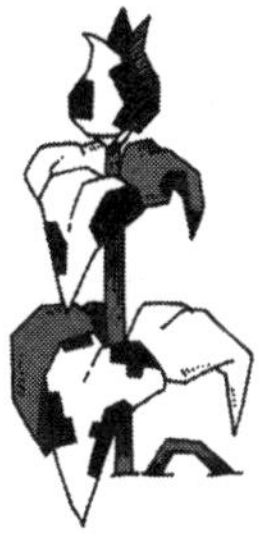

Nonostante le resistenze di Mario, preparammo in fretta il necessario per metterci in cammino all'alba: i petali del Fiore dell'Albero del Mondo, che portavamo sempre con noi e guardavamo spesso e con preoccupazione, erano diventati viola già quasi per metà. Il Pandemonium stava proseguendo la sua incessante avanzata, non c'era da indugiare.

Non so se per la troppa stanchezza o per l'agitazione della partenza, ma faticai a prendere sonno e quando mi svegliarono mi sentii come se avessi chiuso gli occhi soltanto un istante prima. Mormorai qualche parola incomprensibile sperando di ottenere qualche minuto ancora per dormire, però la voce squillante di Lyon non mi lasciò tregua.

La nostra prima visita alla Foresta Crepuscolare risaliva a mesi addietro, quando un piccolo Lungombra bianco, dopo averci rubato il nostro diamante, si era fatto seguire nel fitto della vegetazione fino alla radura più incredibile e meravigliosa che avessimo mai visto. Da lì, tramite un piccolo stagno che si era rivelato un portale, eravamo giunti nel luogo dove il sole non tramonta mai.

In condizioni normali non saremmo mai riusciti a ritrovare la strada, ma tra i tomi che ci aveva dato Julius ce n'era uno intitolato *Super Omnia*, un librone enorme con la copertina blu notte stranamente luminescente, contenente una raccolta di mappe di ogni luogo del nostro mondo. Con questo prezioso aiuto ci sembrò che la nostra spedizione sarebbe stata semplice da portare a termine.

Una volta fuori, il freddo dell'aurora mi fece rabbrividire e mi avvolsi nella cappa, ormai del tutto sveglia. Lanciai un breve saluto alla nostra amata casetta domandandomi quando l'avrei rivista e ci mettemmo in marcia.

Ben presto il paesaggio circostante ci divenne più familiare, riportandoci alla mente il nostro primo viaggio e mi ritrovai a pensare al piccolo Lungombra bianco, chissà se stava bene e se era ancora nei paraggi.

Persa nei miei pensieri non mi resi conto che eravamo infine giunti alla radura dove si trovava lo stagno. Ripiegando la mappa e riponendola nello zaino, Lyon disse: «D'ora in avanti questa non ci sarà di alcun aiuto, purtroppo».

«Come facciamo a sapere che durante questo periodo Baba Yaga non si è spostata?» chiese Mario con voce piatta.

«Be', dobbiamo sperare che non l'abbia fatto o non avremo nessun'altra traccia da seguire» ribatté semplicemente Lyon, dandogli una pacca sulla spalla, seguito da Stefano che aggiunse: «Non avere paura, amico. Le faremo vedere noi chi comanda!».

Furono poche parole accompagnate da un semplice gesto di affetto, però sembrarono fare la differenza, spazzando via la tensione di Mario, almeno per quel momento.

"Questi maschi..." pensai ridacchiando. «Coraggio» esortai, «passiamo attraverso il portale.»

Uno per uno ci calammo nell'acqua densa dello stagno e, come la volta precedente, ci ritrovammo in un vasto prato verde smeraldo punteggiato da migliaia di fiori e da alti alberi dalle fronde iridescenti. Sopra le nostre teste il cielo splendeva delle luci del tramonto.

Ci addentrammo nella foresta ma, nonostante l'ottimismo iniziale, sotto il fitto tetto di foglie il cielo era praticamente invisibile e ogni angolo pareva ripetersi all'infinito. Ben presto ogni punto di riferimento divenne irriconoscibile e perdemmo il senso dell'orientamento, anche se faticavamo ad ammetterlo.

«Non prendiamoci in giro» sbottò Stefano dopo più di un'ora di cammino, lasciandosi cadere su un cumulo di foglie secche. «Ci siamo persi. Di nuovo.»

«Ma no, dai...» abbozzò Lyon guardandosi intorno speranzoso, per poi ritrattare un istante dopo, sconfitto: «Ok, sì. Ci siamo persi. Per tutti gli uccelli Bonzi!».

«Lo sapevo che non dovevamo venire qui!» piagnucolò Mario, sedendosi accanto a Stefano.

Tentando di bloccare l'ondata di negatività che ci stava sommergendo, tirai fuori dallo zaino dei panini e proposi una pausa pranzo, che ovviamente venne accolta con entusiasmo.

Eravamo in procinto di addentare il secondo tramezzino, quando a un tratto Lyon, facendoci cenno di restare in silenzio, mormorò: «Credo che qualcuno ci stia osservando».

Iniziammo a guardarci intorno circospetti, senza tuttavia riuscire a scorgere nessuno.

«E se fosse la strega?!» sussultò Mario spaventato.

«Fermi!» esclamai di colpo, notando qualcosa alle spalle di Mario, il quale immediatamente cominciò a piagnucolare terrorizzato, convinto che si trattasse di Baba Yaga. «Ti prego non voglio morire. Ti prego ti prego ti prego!»

«Ciao piccolino!» esclamai io, sorridendo.

«Eh?»

I ragazzi mi fissarono confusi, per poi voltarsi a guardare nella mia stessa direzione, e finalmente il nostro inseguitore si fece vedere.

«Ma è il Lungombra bianco dell'altra volta!» esclamò Stefano.

Lyon si alzò di scatto e puntandolo con fare minaccioso gridò: «Tu sei in debito con noi di un diamante! Ridaccelo subito!» e così dicendo si fiondò sulla piccola creatura, che però fu più veloce di lui e, sparendo in una nuvola di scintille azzurrine, lo mandò a sbattere contro l'albero alle sue spalle.

Il Lungombra riapparve in mezzo a noi, lasciando che Lyon piagnucolasse con il naso sanguinante.

«Su, su, quante storie» dissi infilandogli un fazzoletto in una narice e sollevandogli la testa per fermare la cascata che fuoriusciva dal suo naso.

«Guadda che bi ha faddo!» ululò lui rabbioso, guardando il piccoletto di traverso.

«La prossima volta evita di provare a saltare addosso a un Lungombra, perché in ogni caso ti andrà male» dissi paziente, cacciandogli un altro fazzoletto nel naso.

Poi cercai di avvicinarmi con cautela al piccolo mostro. Quando gli arrivai abbastanza vicino, lui afferrò il mio zaino e sparì per ricomparire poco più in là.

«Oh, do... Ci risiabo!» esclamò Lyon continuando a tenere il capo sollevato. «Dobe buoi poddacci stabolda?»

Dato il chiaro intento del Lungombra, lo seguimmo senza fare storie, sperando in cuor nostro che non ci trascinasse in un'altra avventura come quella passata.

La piccola creatura si muoveva con circospezione, spostandosi con rapidità da un punto all'altro e rendendoci perciò difficile riuscire a seguirlo.

«Berché non rallendi un bo'?!» gli gridò Lyon affaticato con il naso ancora gonfio, ma né la sua né le nostre successive richieste vennero ascoltate dal Lungombra, che continuò la sua corsa silenziosa fra gli alberi.

Pian piano ci rendemmo conto che stavamo avanzando a zig zag, come per evitare qualcosa o qualcuno.

«Non sarà che in questa foresta ci sono delle trappole?» domandò Stefano incespicando per tenere il passo.

In quello stesso momento il Lungombra, poco prima di sparire e ricomparire al punto successivo, sollevò la testa scrutando fra le fronde più alte degli alberi.

«Cosa sta guardando lassù?» chiese Mario alzando anche lui lo sguardo, ma improvvisamente la creatura gli si teletrasportò alle spalle e gli diede una spinta per farlo avanzare.

«Ma che accidenti fai?!» esclamò Mario barcollando, ma il piccoletto era già scappato in avanti e ci fissava con i suoi occhioni azzurri, insistente.

Nel suo sguardo c'era un'espressione di supplica e fatica, come se ci stesse chiedendo di seguirlo in fretta senza fare domande, e soprattutto senza guardare in su.

Avvicinandomi tesi una mano verso di lui e lo rassicurai sorridendo: «Dai a me lo zaino, è troppo pesante per te. Non preoccuparti, ti seguiremo senza fermarci e senza guardare in alto».

Fissandomi con i suoi enormi occhi celesti, mi allungò lo zaino e sparì più avanti, attendendoci.

«Avete capito?» dissi poi rivolta ai ragazzi. «Non guardate su.»

Riprendemmo il cammino senza mai fermarci, notando che i nostri spostamenti seguivano uno schema circolare preciso che andava via via stringendosi.

«Ci stiamo muovendo come se stessimo aggirando qualcosa» osservò Lyon, lanciando attorno occhiate sospettose.

Di colpo il Lungombra si teletrasportò a un passo da me e, con mia sorpresa, mi strinse una mano tra le sue per poi svanire.

Mi voltai di scatto cercandolo fra gli alberi ma era chiaro che ci aveva abbandonati e a quel punto Lyon sbottò: «Fantastico, ci ha mollato nel bel mezzo del nulla!».

Un istante dopo udimmo un tonfo assordante che fece tremare la terra e gli alberi più vicini.

«Co-cosa è stato?» domandai spaventata, ma prima che potessi ricevere risposta, una gigantesca zampa d'uccello piombò dall'alto a pochi metri da noi, seguita a ruota da una seconda zampa identica.

Poi le zampe iniziarono a piegarsi verso il basso, come a volersi accovacciare, e solo allora vedemmo la casetta alla quale erano "attaccate" spuntare dal tetto di foglie che ci sovrastava.

Senza riuscire a trovare la forza di gridare o

scappare, rimanemmo pietrificati a fissare la casetta che con grazia inaspettata si appollaiava al suolo.

«Credo» sussurrò Lyon con voce rotta, «che abbiamo trovato la casa di Baba Yaga…»

Un'improvvisa risata roca e perfida echeggiò nella foresta e una voce alle nostre spalle gracchiò divertita, facendoci sobbalzare: «Stupidi marmocchi! Sono io ad aver trovato voi!».

Patti stregati

Ho pochissimi ricordi di ciò che accadde in seguito.

Quando udii la voce di Baba Yaga, ebbi la prontezza di spirito di nascondere in tasca ciò che il Lungombra mi aveva dato poco prima di sparire e che in seguito ci avrebbe salvato la vita.

Dopo di che non ricordo altro fino al mio risveglio in una scomodissima e stretta gabbia all'interno della casa della megera.

«Preferisco i bambini, sono più tenerelli. Ma di questi tempi ci si deve accontentare di quello che si trova, no?» gracchiò la strega con perfida ilarità.

Ancora stordita da chissà quale magia, faticai a mettere a fuoco l'ambiente, riuscendo a distinguere una sagoma sfocata che mi dava le spalle.

Ben presto mi resi conto che la mia gabbia era appesa a una serie di robuste catene e oscillava al movimento sussultorio della casa, che aveva ripreso la sua bizzarra marcia in mezzo alla Foresta Crepuscolare.

«Cosa intendi dire?!» esclamò Lyon scioccato, scuotendo con forza la cella in cui era stato rinchiuso nel disperato tentativo di liberarsi.

«Lo capirete presto» gongolò lei in tono festante e nel momento in cui si voltò capii perché Baba Yaga fosse così temuta.

Dalla pelle rugosa e grigiastra agli occhi iniettati di sangue, l'aspetto della megera era quanto di

più orrendo e maligno avessi mai visto in vita mia. Sulla testa teneva un grosso cappello nero a punta da sotto il quale spuntavano dei radi e ispidi capelli rossicci.

Fluttuava su e giù per la stanza spostandosi grazie a un bizzarro mezzo di locomozione, una sorta di enorme mortaio magico comandato grazie a un grosso pestello che la strega reggeva fra le mani.

Avanzò minacciosa verso le gabbie con il fare di chi sta scegliendo la mela più rossa del cesto con l'acquolina in bocca. L'unica cosa che sentii subito dopo fu il rumore di una delle celle che si apriva, seguito da un grido disperato che riconobbi immediatamente.

Il povero Mario era stato selezionato come spuntino e ora supplicava con voce strozzata: «No, ti prego! Non mangiarmi, non sono per niente buono!».

«Sono io a giudicare!» gli fece notare Baba Yaga tenendolo stretto per il collo. «Ma dato che sembri bello succulento ti lascerò per ultimo» e così dicendo rinchiuse di nuovo Mario nella sua prigione.

Subito dopo i suoi occhi malvagi e affamati ripresero a sondare le gabbie, posandosi stavolta su di me e gelandomi il sangue nelle vene. Si avvicinò a pochi centimetri dalla mia cella, mi sembrò già di percepire la stretta gelida delle sue dita ossute intorno al collo.

«Lasciala stare! Prendi me piuttosto, vecchia befana!» tuonò a sorpresa Lyon dalla sua prigione.

«Oh, abbiamo un coraggioso!» ridacchiò Baba Yaga distogliendo lo sguardo da me e spostandolo su di lui. «Avevo intenzione di mangiarti a cena, insieme a quell'altro con i capelli rosa che continua a russare tranquillo, ma visto che insisti...» e pilotò il suo strambo mortaio mobile verso la gabbia di Lyon.

La scena si ripeté di nuovo: la strega spalancò la porta della cella afferrando Lyon per il collo, ma mollò la presa all'istante, lasciandolo cadere a terra e ritraendosi come se avesse preso la scossa.

«Ma che diamine succede?! Cosa mi hai fatto, piccolo disgustoso marmocchio?!»

Confuso, Lyon si massaggiò il collo, poi tornò a guardare la megera con aria di sfida ed esclamò: «Magari sei troppo vecchia e dovresti metterti a mangiare brodino e mele cotte, invece di continuare a inseguire bambini e ragazzi!».

Infuriata, quella si lanciò su di lui, ritraendosi di nuovo un attimo dopo.

«Cos'è tutta questa forza magica che ti circonda? Chi accidenti siete voi?!» strillò allora la megera, riparandosi dietro al grosso pestello che faceva da volante.

Dopo aver riflettuto un istante, Lyon esclamò: «Siamo i Cavalieri di Steven!».

Nonostante ci trovassimo in una situazione di estremo pericolo, mi coprii il volto con una mano, imbarazzata.

«Ma che cavolo dici?» sussurrai. «Ti sembra questo il momento di sparare certe cavolate?»

«Sì!» insisté lui ignorandomi e continuando la sua farsa in tono glorioso. «Siamo coloro che hanno combattuto e sconfitto Herobrine, imprigionandolo per sempre nel Regno del Vuoto. Coloro che sono stati scelti da Steven come suoi cavalieri e che ora combattono contro il Custode dell'Ordine per sconfiggere il Pandemonium!»

Sulle prime la strega non parve per nulla impressionata, ma all'udire il Pandemonium e il Custode dell'Ordine cambiò atteggiamento e, massaggiandosi le tempie con le lunghe dita ossute, mormorò sofferente: «Va bene, va bene! Basta che la pianti con questo baccano. Che mal di testa!».

«Ehm, Baba Yaga? Tutto bene?»

Fu come un fiume in piena che infine straripa e travolge ogni cosa.

«Ah, non me ne parlare! Appena lo hai nominato è tornato a tormentarmi!»

Guardandoci confuso, Lyon borbottò: «Ma di che parla?».

«Del Pandemonium!» piagnucolò lei. «Da quando quella stramaledetta piaga sta contaminando tutto, per me è un inferno! Avete una vaga idea di cosa significhi cercare una foresta buia e tranquilla in cui vivere e non riuscire a trovarla perché ormai sono quasi tutte marcite o piene zeppe di orribili tentacoli? Quei maledetti molluschi continuano a frustare e attaccare le zampe della mia casa, che in preda al panico si mette a correre, facendo fracassare tutte le mie scorte di pozioni! È già successo quattro volte! QUATTRO VOLTE! Per non parlare di questi dannati influssi magici che creano interferenze con le mie stregonerie! Come vi sentireste se faceste un incantesimo per avere una bella pianta carnivora mangia-uomini e vi trovaste invece un grosso cespuglio di disgustose rose bianche?»

«Oddio, che orrore!» dissi io cercando di nascondere il sarcasmo.

«Appunto. E questo mal di testa che non vuole andarsene, sono giorni che non riesco a dormire! Povera me!»

«Ma perché, le streghe dormono?» domandò Stefano sottovoce.

«Oh, ti sei risvegliato finalmente!» esclamò Mario con tono ironico. Ma la strega li zittì strepitando: «Certo che dormiamo! O almeno lo faremmo se il Pandemonium la smettesse di rovinarci l'esistenza!».

«Ma noi siamo qui proprio per questo» intervenne a quel punto Lyon, cogliendo la palla al balzo. «Stiamo cercando di fermare l'avanzata del Pandemonium e di sconfiggere colui che lo ha scatenato!»

«Uhm... E come pensate di combatterlo?»

Ormai avevamo l'attenzione della strega e facemmo di tutto per continuare a tenerla viva.

«Stiamo cercando di recuperare il vaso di Pandora e...»

«Il vaso di Pandora?!» esclamò Baba Yaga scoppiando a ridere. «Allora non siete così sprovveduti come sembrate!»

«Già» ribatté Lyon, «speriamo che riuscire a portarlo via al Custode limiterà i danni.»

«Ah, il Custode! Entity! Quel pazzo non merita affatto il ruolo che gli è stato dato.»

Di colpo aguzzammo le orecchie: tutto ciò che

riguardava il Custode era per noi un enorme buco nero, fatta eccezione per le parole frammentate di Steven, e ogni indicazione era di vitale importanza.

«Per caso hai già avuto a che fare con lui?» azzardò Lyon cauto.

«Ma per chi mi avete preso? Pensate che abbia voglia di stare a chiacchierare con voi? Dovreste essere terrorizzati all'idea che io vi divori in un boccone e invece siete qui a blaterare! Be', ho cattive notizie: il tempo è scaduto e Baba Yaga ha davvero fame!»

«Aspetta!» strillai nel panico. «Sarà meglio anche per te!»

«Non c'è alcun dubbio che mangiarvi farà meglio a me che a voi» sghignazzò Baba Yaga.

«Ma no, sarà meglio anche per te se sconfiggiamo il Pandemonium!» tentai ancora disperata.

«Cosa intendi dire, ragazzina?» domandò con voce imperativa.

«Ci hai detto che ti sta creando continui fastidi che ti impediscono di fare le tue stregonerie. E se risolvessimo noi il problema per te? Insomma, ci guadagneresti anche tu e nel caso in cui fallissimo non ci perderesti nulla.»

Calò un muro di silenzio, in cui tutti nella stanza fissavano prima me e poi la strega, mentre quest'ultima con i suoi occhi iniettati di sangue sembrava scervellarsi nel tentativo di scovare un possibile inghippo o un qualche tranello nella mia proposta. Quasi sentivo il suo cervello arrovellarsi e contorcersi, e quando infine Baba Yaga rispose, sembrò come se un Sibilante fosse esploso nella stanza.

«Cosa mi state proponendo?» domandò con sorprendente lentezza, cercando di sondare le nostre intenzioni.

«Be', tu ci dai qualche informazione che possa aiutarci e noi svolgeremo il lavoro per te» rispose Lyon soppesando le parole, aggiungendo con tono adulatorio: «Hai posseduto il vaso, di sicuro conoscerai ogni suo segreto».

«Non usare certi trucchetti con me, moccioso!» sbottò la strega che, nonostante l'atteggiamento, sembrava essere allettata dalla nostra proposta.

«Ti costerebbe solo qualche parola e un po' del tuo tempo, niente di più» aggiunsi io sperando di dissipare i suoi ultimi dubbi.

«Tempo?» borbottò Baba Yaga, improvvisamente persa nei suoi pensieri. Si voltò di scatto verso un insolito tavolino nero decorato d'oro e di rubini che prima non avevo notato, e iniziò a trafficare con strumenti e pozioni e oggetti vari che lo ingombravano.

Quando tornò a girarsi verso di noi, tra le lunghe dita scheletriche reggeva con estrema attenzione un bizzarro orologio dorato, attorno al quale ruotavano due dischi a forma di stella a otto punte.

«Ehm, vuoi spiegare qualcosa anche a noi?» chiese Lyon sottovoce.

La strega lo guardò di sbieco e invece di rispondergli si avvicinò alla mia gabbia e mi aiutò a uscirne. «Questo è meglio che lo tenga tu, non sia mai che uno di questi impiastri lo rompa.» Chissà perché, dovevo starle simpatica.

Vedendomi libera, Stefano mugolò supplicante: «Signora Baba Yaga, signora cara, non è che potremmo uscire anche noi, per favore?».

Distrattamente, come se avesse dimenticato la presenza di Mario e Stefano, rispose: «Uh? Ah già, voi due siete ancora qui. Le gabbie sono aperte».

Tra la sorpresa e il risentimento, i ragazzi vennero fuori borbottando: «Le ha aperte adesso con la magia, non siamo mica così stupidi».

Baba Yaga li ignorò e riprese: «Quest'orologio va sistemato al centro del tavolino da cui l'ho preso. Insieme creano una macchina del tempo». Mentre parlava liberò il tavolino nero da tutti gli oggetti che vi erano disseminati sopra.

La fissammo increduli.

«Io non la uso spesso, la trovo molto scomoda, ma penso che per questo viaggio possa funzionare.»

«Viaggio? E per dove?» chiese Lyon, evidentemente confuso.

«Possibile che siate così ottusi? Dovete tornare indietro nel tempo fino al momento in cui il Custode mi ha sottratto il vaso, duecento anni fa!» strepitò la strega, irritata.

Rimanemmo muti e con la bocca aperta come pesci.

«Pronto, ci siete? Non posso essere io a tornare indietro, perché altrimenti ci sarebbero due versioni di me stessa nello stesso momento, e questo non può accadere, creerebbe un conflitto spazio temporale irrisolvibile. Ma a voi basterà ritrovare la mia casa e impedire che Entity rubi il vaso di Pandora, riconsegnandolo a me. In questo modo io riavrò ciò che mi è stato rubato, il Pandemonium smetterà di tormentarmi e anche voi otterrete ciò che volete.»

Se in quel momento il suo riepilogo ci lasciò basiti, nessuno di noi lo diede a vedere, anche se ero certa che stavamo tutti pensando alla stessa cosa. Baba Yaga rivoleva per sé il vaso di Pandora, ma l'ultimo dei nostri desideri era lasciarlo nelle mani di una megera malvagia.

«Ci sarebbe di aiuto avere un'idea di dove potevi trovarti, all'epoca» azzardai io rivolta alla strega, che mi fissò pensierosa per qualche istante.

«In effetti, più impiegherete a trovarmi, più dovrò sopportare questo mal di testa. Bene, lasciatemi pensare... Ma sì! In quel periodo andavo pazza per la foresta accanto alla Fortezza del Vuoto. Mi divertivo da matti a trasformare quei noiosi villici guardiani in zombi e a guardarli inseguire i loro amici e parenti per tutto il villaggio. Ah, bei tempi!»

Osservammo la fattucchiera perdersi nei suoi orribili ricordi, provando pena per quello che avevamo riconosciuto subito come il villaggio di Brom.

Ormai eravamo in possesso di tutte le informazioni di cui avevamo bisogno e l'unico nostro desiderio era andarcene il prima possibile, ma la strega ritornò a guardarci con espressione estremamente seria.

«Un'ultima cosa. Non distruggete la mia casa o non permettete che qualcuno lo faccia!»

«Perché dovremmo distruggerti la casa?» domandò Lyon sorpreso.

«Duecento anni fa, proprio nel giorno in cui il vaso mi fu rubato, persi anche la mia adorata casa! Non deve succedere o riterrò voi responsabili e non basteranno tutte le protezioni del mondo a salvarvi dalle mie maledizioni!»

Quando le assicurammo che avremmo fatto del nostro meglio, la strega sembrò esigere molto di più.

«Dovete darmi la vostra parola d'onore con un giuramento firmato!» ghignò tirando fuori un rotolo di pergamena.

Ecco dov'era l'inghippo! Eravamo stati così cauti da non rivelare mai i nostri nomi o da dove venissimo, ma ora la strega ci stava mettendo con le spalle al muro intimandoci non solo di dirle chi eravamo, ma anche di firmare un misterioso documento che con tutta probabilità sarebbe stata la nostra condanna a orribili ed eterne torture.

La paura iniziò a stringermi da ogni angolo quando un sonoro *crash* mi fece sobbalzare.

«Ma cosa diamine… Ehi tu, ragazzino, cosa stai facendo?»

Mi voltai di scatto e vidi Mario che, approfittando della distrazione della strega, stava infilando lo strano tavolino nero nel portamonete magico, ma nel tentativo di non farsi scoprire aveva finito per rovesciare a terra delle pozioni, che ora stavano rapidamente corrodendo il vecchio pavimento di legno.

Gli occhi di Baba Yaga diventarono di fuoco, mentre la sua furia prendeva forma in scariche magiche che la percorrevano e si concentravano sulle mani ossute.

«Avrei dovuto divorarti subito!» strillò furente, poi si bloccò fissando un punto ai piedi di Mario, impallidendo di colpo.

«Cos… Cos'è quello?!» mormorò debolmente.

Un piccolo slime verde saltellava tra i piedi di Mario, mentre un sottile rivolo di gelatina continuava a fluire dal suo borsello.

Un grido acuto e terrorizzato quasi ci perforò i timpani.

«Uccidete quell'orrore! Chi ha portato uno slime in casa mia?!»

Baba Yaga aveva paura… degli slime?

Non ci pensai due volte.

Mentre la strega strillava come un'aquila, afferrai Lyon per un braccio e gridai: «Stringi il braccio di Stefano e digli di tenersi a Mario!».

«Cosa vuoi fare?» urlò spaventato, ma invece di rispondergli corsi verso la porta della casa trascinando gli altri e la spalancai.

Una forte folata di vento mi fece quasi perdere l'equilibrio: la casa-gallina si era rimessa in movimento, e ora sorvolava la cima degli alberi.

Il cielo sopra di noi era tinto di un perenne rosso e viola.

Frugai in fretta nella tasca e la trovai: la Perla d'Ombra che il cucciolo albino mi aveva dato stringendomi la mano prima di sparire nella foresta. Con quella ci saremmo teletrasportati in un attimo, mettendoci finalmente in salvo. Certo, avrebbe potuto esserci qualche danno collaterale…

Intuendo le mie intenzioni, Lyon iniziò a scuotere la testa terrorizzato, ma alle nostre spalle Baba Yaga si stava preparando a scagliare ogni sorta di maleficio.

«Piccoli ingrati, dove credete di scappare?»

«Tenetevi forte!» strillai prima di lanciare la Perla tra le fronde degli alberi.

Improvvisamente mi sentii risucchiare, sentendo la stretta di Lyon intorno al mio braccio.

L'unico suono nelle mie orecchie, oltre al fischiare violento del vento, fu l'urlo furioso di Baba Yaga.

Giorno 74

Cavolo, oggi per poco non ci lasciavamo le penne (per rimanere in tema con le zampe di pollo della casa di Baba Yaga). Non ho mai visto un essere più orripilante, spaventoso, agghiacciante, raccapricciante di quella strega. Se esistesse un concorso di bruttezza per megere, sono sicuro che vincerebbe senza problemi il primo premio.

Meno male che Anna aveva una Perla d'Ombra in tasca, altrimenti non saremmo mai riusciti a svignarcela. Mi ha detto che gliel'ha regalata il Lungombra poco prima di sparire nel nulla: non mi stava molto simpatico ma devo ammettere che senza di lui saremmo polpette nel piatto della vecchia strega. Anzi con ogni probabilità a quest'ora saremmo già stati digeriti.

Le Perle d'Ombra sono uno strumento utilissimo, l'unico inconveniente è che non sai mai dove ti teletrasporteranno. E comunque è un viaggetto da cui si esce tutti ammaccati, questo è sicuro.

Ci abbiamo messo l'intero viaggio di ritorno per

togliere le foglie secche e i rametti che ci erano rimasti impigliati tra i capelli. Siamo stati teletrasportati poco lontano dal limitare della Foresta, ritrovandoci bloccati sui rami di un grosso albero frondoso. Scendere non è stato facile, soprattutto per Stefano: era in bilico appeso al ramo più alto, terrorizzato, il volto pallido e stravolto. Ma in confronto a quello da cui eravamo scampati non era nulla.

Nonostante ormai la notte fosse alle porte, una volta usciti dalla foresta abbiamo proseguito verso casa senza fermarci, con l'unico desiderio di mettere più distanza possibile tra noi e Baba Yaga. Purtroppo, temo proprio che ci toccherà incontrarla di nuovo, sebbene più giovane di duecento anni. Sarà brutta uguale?!

Lo Specchio dell'Anima

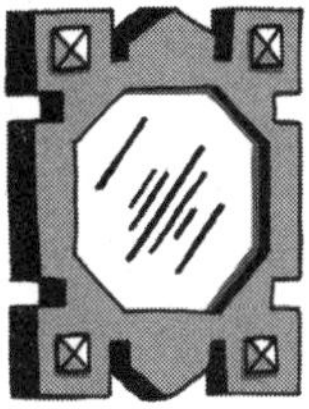

Che io sia la prima ad alzarmi la mattina non è un evento raro, è piuttosto il primo segno di un'apocalisse imminente. La sera prima poi avrei giurato che mi sarei alzata ben oltre mezzogiorno, ma quando aprii gli occhi non era ancora l'alba ed ero vigile e all'erta come non mai.

Sia nella stanza che fuori era buio e gli unici suoni udibili erano i lenti respiri dei miei amici, ancora immersi in un sonno profondo. Scendendo al piano inferiore, trovai la stessa situazione: buio assoluto e silenzio. Dapprima non riuscii a capire perché, nonostante la calma piatta, avessi quella costante sensazione di pericolo, finché non mi affacciai alla finestra della cucina.

Laddove di solito si apriva un'ampia distesa di

erba ed alberi, vi era ora un'enorme voragine pulsante di fiamme e devastazione. Rimasi a fissare la scena impietrita per qualche istante, poi corsi in camera da letto a dare l'allarme.

I ragazzi aprirono a fatica gli occhi e mi guardarono come se fossi un alieno.

«Cos… Anna, ma che ore sono?» farfugliò Lyon con voce roca, mentre gli altri si rintanarono disperatamente sotto le coperte tentando di sfuggire al brusco risveglio.

Data l'urgenza, passai subito alle maniere forti e, afferrando saldamente i lembi delle lenzuola, le strattonai con violenza, lasciando tutti e tre a rabbrividire nella pungente aria del mattino.

«Ma che fai?!» gridò seccato Mario alzandosi dal letto, mentre Stefano si stringeva al cuscino.

«Guardate fuori dalla finestra, dal lato della miniera!» gridai spazientita, trascinando Lyon per una manica.

Anche se a scoppio ritardato, la loro reazione fu identica alla mia.

«Per tutti i maiali volanti! Cosa sta succedendo?»

Dal piano superiore si aveva una visuale migliore dell'orribile fenomeno: nella zona circostante la voragine erano spuntate bizzarre piante sottili dagli inquietanti boccioli biancastri. Dal centro del pozzo fuoriusciva ogni sorta di creatura, il cui solo aspetto era un concentrato di corruzione e malvagità. Zombi, ragni e altri esseri ostili si stavano avvicinando pericolosamente alla nostra casetta...

«Qualcuno sa cosa sia quella roba?» domandò Stefano inquieto.

«Mi pare di aver letto qualcosa nel capitolo sul Pandemonium» disse Lyon e in pochi attimi eravamo raccolti attorno all'Incantavolo, sfogliando

febbrilmente le pagine alla ricerca di qualsiasi accenno a ciò che stava accadendo a pochi passi da casa nostra.

«Ecco qui!» esclamò Lyon dopo qualche minuto. «Dall'immagine sembra essere proprio questo.» Quindi lesse ad alta voce:

Bocca del Pandemonium: fenomeno altamente distruttivo che si manifesta nel momento in cui la piaga raggiunge alti livelli di minaccia. Le Bocche sono delle voragini che si creano nel terreno, corrompendo le zone circostanti e generando una quantità più o meno fitta di creature malefiche. È possibile riconoscerle dal caratteristico colorito violaceo, dovuto alla composizione del terreno contaminato che, sotto l'influsso della piaga, si trasforma in carne viva. Altresì frequenti sono le bizzarre Piante Occhiute che crescono ai bordi del pozzo, esili arbusti caratterizzati da boccioli che sono in tutto e per tutto bulbi oculari.

L'unico metodo conosciuto per neutralizzare una Bocca del Pandemonium consiste nell'utilizzo di un'antica formula esplosiva ormai perduta da tempo. In breve: se incontrate una Bocca del Pandemonium, datevela a gambe.

Restammo a fissare Lyon con uno sguardo di orrore e disgusto, che lui ricambiò con altrettanta intensità.

«Quindi non possiamo fare niente per chiudere quella mostruosità?» domandò Stefano nel panico.

Purtroppo si sa che le sventure non vengono mai da sole e infatti, qualche istante dopo, le creature provenienti dall'orribile pozzo si resero conto dell'esistenza della nostra casa e pensarono bene di prenderla d'assalto.

In fondo dovevamo aspettarcelo: se hai un covo di mostri a poco più di cinquanta blocchi da casa non puoi certo pretendere che si comportino da bravi vicini!

Non eravamo pronti per un assalto e tutte le difese disponibili si riducevano a quattro spade di legno, quattro picconi, un paio di pale e una serie di padelle più o meno resistenti.

«Cosa facciamo ora?!» sussurrai piano, come se fare poco rumore potesse bastare per respingere i mostri abbastanza a lungo da elaborare una strategia.

Restai a fissare i miei amici speranzosa, ma quando mi ricambiarono con lo stesso sguardo di paura e confusione che avevo io, mi resi conto che eravamo in trappola.

All'esterno gli scalpiccii aumentarono esponenzialmente finché i mostri non furono a pochi passi dalla porta e già mi davo per spacciata quando Mario esclamò di colpo: «Presto, sbarriamo l'ingresso!».

«Ehi, aspettate!» sentimmo urlare da fuori. Decisamente non sembrava il grugnito di un mostro. Con cautela ci accostammo a una finestra per sbirciare all'esterno e fummo stupiti di vedere una nostra vecchia conoscenza alle prese con ogni sorta di creatura ostile.

«Steven!!!» gridammo in coro. Stava lottando come un leone ma tenere testa da solo a quella marmaglia di zombi e ragni era impossibile, non poteva farcela da solo.

«Dannazione, dobbiamo aiutarlo!» esclamò Lyon. «Voi due salite al piano di sopra e dalla finestra lanciate contro i mostri qualsiasi cosa troviate. Io e Anna cercheremo di distrarli da qui e di far entrare Steven. Presto!»

Mario e Stefano si precipitarono su per le scale mentre Lyon si mise a urlare dalla finestra: «Steven, cerca di avvicinarti alla porta!». Nel frattempo io ero andata in cucina a prendere stracci infiammabili e torce.

«Lyon che vuoi fare?» gli chiesi mentre afferrava una spada da un baule.

«Devo uscire a dare una mano a Steven, non posso lasciarlo da solo contro i nemici. Passami un paio di torce, tu rimani dentro e mettiti alla finestra a tirare bombe di stracci infiammati.»

Provai a dirgli che era una follia ma si stava già catapultato fuori mulinando la spada.

I ragazzi avevano preso Lyon alla lettera, dall'alto pioveva di tutto: bauli, sedie, comodini, tappeti, vasi di fiori... Della nostra camera da letto probabilmente sarebbe rimasto solo il pavimento.

Gli zombi però parvero spaesati da quella grandine di oggetti, almeno quel tanto che bastò per permettere a Lyon di farne fuori una manciata e raggiungere il suo amico.

«Bello rivederti, anche se speravo ci sarebbe stata un'occasione migliore» disse non appena gli fu accanto.

Steven sorrise mentre schivava l'assalto di un ragno. «Che gentile, hai portato una torcia anche per me» fu la sua risposta.

Indietreggiarono brandendo il fuoco contro i mostri e difendendosi dai loro assalti con le spade, mentre io e i ragazzi proseguivamo con l'azione di disturbo. Quando furono a un passo da casa mi allontanai dalla finestra e corsi ad aprire la porta un attimo prima che vi si trovassero contro. Poi la richiusi in un baleno e Lyon e Steven si ritrovarono dentro, con il sedere per terra e i piedi per aria. Ma finalmente al sicuro.

Mario e Stefano scesero e sigillammo porte e finestre. Poi trattenemmo tutti il fiato per un lungo momento.

«Sono davvero felice di rivederti» esplose infine Lyon ridendo. I due amici si abbracciarono.

«Grazie, Lyon. Ce ne hai messo di tempo per venire a salvarmi, eh!» disse lui in tono scherzoso.

Anche noi eravamo contenti che lo Straniero fosse lì, nonostante ci avesse lasciati soli ad affrontare una minaccia praticamente sconosciuta, senza darci tutte le notizie di cui avevamo bisogno.

«Ammiro i grandi passi avanti che avete compiuto in così poco tempo e con così poche informazioni a disposizione.» L'uomo annuì con un sorriso. Poi si fece più cupo e aggiunse: «Il tempo stringe, molto più di quanto io stesso avessi previsto. Entity deve aver percepito i nostri tentativi di ostacolarlo e sta intensificando il potere del Pandemonium. Di questo passo nell'arco di pochi giorni del nostro mondo resterà soltanto un triste ricordo».

Guardammo con inquietudine il Fiore all'interno del globo posato sul tavolo della cucina, e in effetti i petali erano quasi tutti violacei. Ci rimaneva davvero poco tempo.

Aggiornammo Steven sulle nostre scoperte e sugli ostacoli che ci si erano parati davanti. Ma lui sapeva già ogni cosa. Come ogni volta. Ed era per quel motivo che ci aveva raggiunti.

«La soluzione a tutti gli ostacoli, a tutti gli enigmi. Perfino la soluzione finale alla nostra battaglia contro il Custode e il Pandemonium, è nel suo borsellino» disse Steven indicando Mario.

«La Macchina del Tempo, non è così?» chiesi io, ricordando che Mario aveva infilato nel portamonete magico il tavolino di Baba Yaga, mentre io custodivo l'orologio.

«Con un unico viaggio nel tempo riuscirete a fermare il Pandemonium e ottenere l'unica arma esistente in grado di piegare un Custode dell'Ordine.»

«Che intendi dire? Non sappiamo dove cercare un'arma simile, né tanto meno quale sia!» disse Stefano demoralizzato.

Steven si diresse verso l'Incantavolo e sfogliò per qualche istante le pagine del suo vecchio libro, poi si voltò verso di noi indicando una pagina. Ci radunammo attorno al volume.

Il capitolo in questione era incentrato su una spada il cui nome integrale era illeggibile e impronunciabile, ma che nella nostra lingua veniva chiamata...

«Sacra spada Galatea» lesse Lyon ad alta voce. «Sarebbe questa l'arma di cui parli?»

Steven annuì guardandoci con aria solenne e, prevenendo le nostre domande, disse: «Il caso vuole che la spada si troverà nello stesso luogo del vaso di Pandora nel momento esatto in cui anche voi sarete lì. E in cui ci sarà Entity».

Ci guardammo per qualche istante, confusi. Afferrando il filo del discorso, Mario scattò: «Maledetta strega! Aveva lei la spada ma non si è scomodata a muovere quel suo grosso calderone per andare a dare una lezione a Entity!».

Trattenendo a fatica una risata, l'uomo disse: «Sei fuori strada. Baba Yaga è una strega molto potente, ma non potrebbe mai neanche avvicinarsi a un'arma sacra così potente. Purtroppo o per fortuna, colui che più teme la spada, è anche colui che la custodisce».

In pochi istanti la situazione ci fu chiara come il sole, ma fu capace di rabbuiarci come la più terribile delle tempeste. L'unica arma in grado di sconfiggere il nostro nemico era protetta dal nemico stesso. Mi chiesi perché Steven mandasse noi, quattro ragazzi sprovveduti, ad affrontare una sfida così enorme.

Pareva che Steven leggesse nei nostri pensieri, perché subito dopo disse: «Voi quattro insieme siete capaci di grandi cose, lo avete già dimostrato. E avete molte più chance di me di battere Entity, proprio perché siete quattro ragazzi all'apparenza sprovveduti. Il Custode vi sottovaluta, ancora non vi conosce. Io posso tenerlo a bada mentre tornate indietro nel tempo e, soprattutto, posso darvi questo. Vi servirà per compiere la vostra missione». Con gesto garbato evocò dal nulla un piccolo specchio dalla cornice dorata.

«È uno Specchio dell'Anima. Come si può intuire dal nome, mostra l'anima di chiunque vi venga riflesso. Puntatelo contro Entity affinché vi si specchi e la spada Galatea passerà dalle profondità della sua anima corrotta direttamente nelle vostre mani.»

All'improvviso udimmo un terribile schianto e ci fu chiaro che le barricate messe alle finestre

stavano per cedere sotto i colpi dell'orda di nemici che ancora imperversava all'esterno.

«Presto!» esclamò Steven. «Dovete partire, ora!»

Mario frugò in fretta nel suo borsellino ed estrasse la Macchina del Tempo, al centro della quale incastrai con mani tremanti l'orologio dorato.

«Tenetevi per mano attorno al tavolino e ruotate il disco più grande dell'orologio per due volte in senso antiorario» spiegò Steven, aggiungendo: «Non pensate a me, so come tenere a bada i mostri. E ricordate, limitatevi a prendere il vaso, non cercate di affrontare subito Entity, non ne sareste in grado!».

Lyon guardò Steven annuendo con risolutezza, quindi si voltò verso di noi. «Ci siete, ragazzi?»

Bastarono i nostri sguardi per assicurargli che eravamo pronti.

«Buona fortuna!»

Con gesto secco Lyon fece ruotare il cerchio dell'orologio del tempo e un istante dopo Steven e la stanza sparirono nel nulla.

In viaggio nel tempo

Viaggiare nel tempo fu un infinito e inspiegabile istante, l'esperienza allo stesso tempo più breve e più lunga che avessi mai provato.

Benché razionalmente non ne avessimo la certezza, d'istinto sapevamo di essere giunti sulla stessa collina che, duecento anni dopo, avrebbe ospitato la nostra casa.

Lyon tirò subito fuori dalla sua giacca una mappa sulla quale era cerchiato più volte un punto preciso.

«Il villaggio a guardia della Fortezza del Vuoto si trova qui» disse indicando il cerchietto, «e se non ricordo male, Baba Yaga ha parlato di una foresta, che dovrebbe essere questa.» Scorrendo il dito sulla carta si fermò su un piccolo gruppo di alberi stilizzati poco più a est, esattamente tra il villaggio e noi.

«Credo perfino di ricordarlo, quel boschetto» disse Stefano con aria pensierosa.

«Perfetto» riprese Lyon. «Conoscendo la nostra meta e avendo già affrontato questo viaggio, saremo in grado di abbreviare il tragitto.» Sistemò la mappa su una roccia e tracciò un nuovo percorso che piegava verso nord-est, evitando il bosco che eravamo stati costretti ad attraversare la prima volta.

«A occhio e croce impiegheremo soltanto un giorno e mezzo per arrivare a destinazione!» osservò Mario sistemando la Macchina del Tempo nel borsellino.

«E potremo prepararci con calma al momento in cui Entity tenterà di rubare il vaso dalla casa di Baba Yaga» osservai io con aria soddisfatta.

Fu un viaggio tranquillo. Procedemmo a passo spedito, fermandoci solo per mangiare e riposare durante la notte. Intorno a noi il paesaggio era selvaggio e ricco di vita, più florido e verdeggiante di come lo avevamo conosciuto nella nostra epoca.

Avevamo portato con noi il Fiore dell'Albero del Mondo, al quale davamo uno sguardo di tanto in tanto, ma mostrava un brillante colorito argenteo, senza traccia di viola.

La mattina del secondo giorno riuscimmo a scorgere in lontananza il villaggio della Fortezza, nascosto dal boschetto che Baba Yaga aveva reclamato come sua nuova dimora.

Nonostante ci trovassimo due secoli prima, quando giungemmo al villaggio lo trovammo molto simile a come lo avevamo già conosciuto: al solo vederlo ci si scaldò il cuore.

L'accoglienza che ci riservarono gli abitanti, però, fu molto diversa da quella calorosa dei loro discendenti. Un basso muro di cinta sorgeva a difesa delle case e due golem giardinieri piantonavano le porte impedendoci di entrare.

«Come pensano che possa passare la gente se questi colossi si piazzano in mezzo alla strada?» borbottò Mario fissando le creature con sguardo ostile.

«Chi va là?» gridò una voce sopra di noi, facendoci sobbalzare. «Dichiarate i vostri intenti e niente scherzi! I golem non amano i buffoni.»

«Salve» mormorò Lyon teso, «siamo degli avventurieri e...»

«Cosa volete?» incalzò la voce senza lasciargli il tempo di spiegare alcunché.

«Eh, ma come facciamo a dirvi chi siamo se non ci fate parlare?!» sbottò Stefano seccato e già sentivo la stretta ferrea dei golem quando una voce possente dall'interno del villaggio esclamò: «Willus, razza di stolto! Il ragazzo ha ragione! Se non lasci ai nostri visitatori il tempo di parlare, come speri di ottenere delle risposte?».

Il villico chiamato Willus si profuse in una serie di scuse sconclusionate, che però si persero nel vento al tuonare della voce. «E lascia in pace i golem giardinieri! O vuoi forse che si ripeta l'incidente del mese scorso?»

In quel momento uno dei golem si chinò verso di me offrendomi con gesto garbato una bellissima rosa rossa, poi si voltò verso il villaggio e si allontanò per tornare alla sua normale mansione, seguito dal suo compagno. A quel punto il nostro "salvatore" ci venne incontro e riuscimmo finalmente a vedere il suo volto.

«Brom!» gridammo sorpresi, fissando sbigottiti

il villico, che però ci restituì uno sguardo confuso.

«Brom? Temo ci sia un malinteso. Il mio nome è Borum e sono il capo di questo villaggio.»

Ma certo, quello che avevamo davanti era il bis bis bis bisnonno di Brom, per questo si somigliavano tanto!

«Sono spiacente per la brusca accoglienza» continuò, lanciando un'occhiataccia a Willus. «Ma se non vi spiace, vorrei sapere chi siete e che affari vi portano dalle nostre parti. Sono tempi funesti per noi e la cautela non è mai troppa, quindi spero non troviate offensive le nostre richieste.»

«Non c'è ragione di scusarsi. Il mio nome è Lyon e questi sono i miei compagni di viaggio: Anna, Stefano e Mario» disse Lyon presentandoci. «Siamo giunti fin qui nella speranza di raccogliere delle informazioni riguardanti una strega...»

Fu come se un Sibilante fosse esploso proprio sotto i loro nasi a patata.

Non appena Lyon nominò la strega, Borum e Willus, che dalla sua postazione poteva comunque udire la conversazione, divennero pallidi come spettri infernali e l'atteggiamento del capo villaggio mutò all'istante da amichevole a freddo.

«Noi non conosciamo alcuna strega. Mi dispiace che abbiate fatto un viaggio a vuoto, ma ora dovete proprio andarvene» disse Borum seccamente.

«Signore, chiamo i golem?» chiese con voce acuta la sentinella.

«Non ce ne sarà bisogno. I ragazzi se ne andranno di loro spontanea volontà, dico bene?»

Nonostante volesse sembrare una minaccia, suonò più come la supplica di qualcuno che non voleva avere altri guai.

I ragazzi iniziarono a mormorare indispettiti, ma in cuor mio non potevo biasimarlo. Stando ai racconti di Brom, dovevamo trovarci a poco meno di un secolo dalla fuga della popolazione dal villaggio sotterraneo, e al terrore scatenato dalla maledizione inflitta da Herobrine. Ora si era aggiunto il fatto di essere bersagliati dalla perfidia di Baba Yaga, che vedeva in quel povero villaggio nient'altro che una fonte di divertimento.

«Credo di non essermi spiegato a dovere» sentii dire a Lyon. «Noi siamo qui perché stiamo dando la caccia alla strega che dicono viva nella foresta.»

Un momento di assoluto silenzio calò sull'intero gruppo, spezzato infine dal capo villaggio, che disse: «Venite, parliamo in casa».

Sorpresi dall'inaspettato invito lo seguimmo lungo il sentiero che si inerpicava attraverso il paesello e pochi minuti più tardi eravamo tutti riuniti nella casa del capo villaggio che, nonostante fosse differente per molti aspetti, conoscevamo già bene.

«Datemi almeno una buona ragione per fidarmi di voi» proruppe Borum non appena si fu chiuso la porta alle spalle. «Siete folli o incoscienti se state dando la caccia alla strega.»

«Siamo consapevoli dei rischi della nostra missione, ma dobbiamo assolutamente trovare Baba Yaga entro stanotte» iniziò Lyon soppesando le parole con attenzione. «Anche se capisco i tuoi sospetti, ti chiedo di avere fiducia» mormorò poi con lo sguardo perso nel vuoto. «Abbiamo fatto molta strada e ci è costato tanto arrivare fin qui. Non possiamo fallire.»

Nei panni di Borum non avrei trovato per nulla soddisfacente una risposta simile. Tuttavia il suo sguardo rimase fisso su Lyon e quando infine parlò, ci colse di sorpresa. «Conosco il luogo in cui si è stabilita la strega, verrò con voi.»

«È troppo pericoloso, non sappiamo cosa potrebbe accadere!» esclamò Lyon tentando di dissuadere Borum, ma fu inutile.

«Avete bisogno di me per trovarla e questo è il mio villaggio: farò qualunque cosa per proteggerlo!»

«D'accordo, mi sembra giusto» dichiarò allora Lyon. «Partiamo subito.»

Prima del tramonto, Borum ci guidò fuori dal villaggio attraverso un passaggio laterale cosicché nessuno potesse vederci né fare domande.

Lungo il tragitto elaborammo un'infinità di teorie su dove si trovasse il vaso di Pandora, su come intrufolarci nella casa della megera e soprattutto su come rimanere celati fino all'arrivo di Entity e costringerlo a guardare nello Specchio dell'Anima: tutto doveva avvenire nell'esatto momento in cui il Custode si sarebbe introdotto in casa della strega e avremmo avuto un'unica possibilità di successo.

Il capo villaggio rimase in silenzio per tutto il tempo e mi sorpresi quando, intervenendo all'improvviso, disse: «Penso che le vostre possibilità aumenterebbero se ad entrare nella casa della strega fosse soltanto uno di voi. È impossibile nascondere la presenza di quattro persone in una casupola come quella di Baba Yaga. Mentre qualcuno attende all'interno, gli altri rimarranno di guardia all'esterno, pronti a segnalare l'arrivo di questa entità di cui parlate e a intervenire in caso di necessità».

«Un piano geniale, devo ammetterlo» confessò Lyon pensieroso. «Ma la presenza di uno di noi nella casa non sarà facile da nascondere, anche se si tratta di una sola persona.»

«Credo di avere ciò che fa al caso vostro» e così

dicendo il villico tirò fuori dalla tunica una sottile fiala di cangiante liquido argenteo. «Si tratta di un prototipo che finora ho testato soltanto sui maiali del villaggio e su me stesso, ma dovrebbe funzionare.»

Prendendo la boccetta e riconoscendo la pozione, Lyon si rivolse a Borum: «Una pozione di invisibilità fatta in casa? Non pensi che la strega la riconoscerà in un battibaleno?».

«Ne dubito» ribatté sicuro il villico. «Non è una comune pozione di invisibilità, bensì una pozione di scomposizione. A differenza della prima, questa pozione ti rende, diciamo, impercettibile.»

Notando i nostri sguardi dubbiosi, il villico aggiunse: «In breve, chiunque la beva sarà non solo invisibile, ma anche impossibile da percepire con l'olfatto e il tatto».

«E vale anche per i sensi da strega?» domandò Mario, incuriosito dal nuovo intruglio che aveva risvegliato la sua passione per le pozioni.

«Be', come vi ho detto, purtroppo è un test che non ho ancora eseguito...»

«Quindi uno di noi dovrà fare da cavia» conclusi io un po' contrariata.

«Nessun problema, lo faccio io.»

Era proprio questo a rendere Lyon diverso da noi: ogni nuova esperienza, ogni nuova avventura era per lui un modo di scoprire il mondo e ci si buttava a capofitto senza timore.

Raggiungemmo la casa della strega mentre gli ultimi raggi del sole filtravano attraverso la fitta tenda di foglie, spargendo nel bosco una miriade di riflessi ramati, tuttavia c'era ancora una faccenda da sistemare prima di dare il via alla missione.

«Borum, è il momento che tu faccia ritorno a casa» disse Lyon rivolgendosi al capo villaggio con un sorriso. «Apprezzo molto l'aiuto che ci hai dato e i rischi che hai corso, ma non me la sento di metterti ulteriormente in pericolo.»

Il villico lo guardò infastidito, quindi Lyon aggiunse: «Ti prometto che il tuo villaggio non correrà pericoli, ma è meglio che ritorni. Che noi falliamo o abbiamo successo, più di una persona sarà furiosa stanotte, ed è bene che tu avverta gli abitanti di restare al sicuro. È giusto che tu sia al loro fianco».

«Non riesco a comprenderne la ragione» disse infine, «ma sento di potermi fidare di voi. Di te, Lyon. D'accordo, me ne andrò.»

Lyon tese a Borum la mano, e lui la strinse con vigore. «Avverto il triste presentimento che non ci vedremo più, dopo questa notte. Buona fortuna ragazzi e buona vita!»

Guardammo il villico sparire nel bosco e la malinconia mi riempì il petto, ma non c'era tempo per i sentimentalismi.

Il piano era deciso: dopo aver bevuto la pozione di scomposizione, Lyon si sarebbe introdotto nella casa della strega, e l'avrebbe ispezionata in cerca del vaso di Pandora. Poi avrebbe atteso il nostro segnale e non appena Entity fosse arrivato, avrebbe lanciato contro entrambi una pozione accecante in modo da puntare lo specchio verso Entity prima che lui potesse accorgersene. Una volta recuperata la spada sarebbe scappato, raggiungendo noi che nel frattempo avremmo predisposto la Macchina del Tempo per tornare nella nostra epoca.

«Siete pronti?» ci domandò Lyon. «Avanti, andrà tutto alla grande! Tenete gli occhi aperti e siate pronti a lanciare il segnale.»

«Che sarebbe?» chiese Stefano.

Accidenti, non avevamo pensato al segnale! Riflettei per qualche istante, buttando fuori la prima cosa che mi venne in mente.

«Il verso del... del maiale!»

«E chi dovrebbe farlo?!» esclamò Mario, chiaramente contrario.

Fu un gesto istintivo, ma sia io che Lyon ci voltammo a guardare Stefano, come se fosse la cosa più ovvia, e lui ci ricambiò con una risatina sarcastica.

Tutto era pronto. Senza perdere altro tempo Lyon trangugiò la pozione.

«Cavolo! Borum dovrebbe lavorare un po' sul sapore di questa roba. È disgustosa!»

Qualche istante più tardi, era svanito. Del tutto. Ci guardammo attorno spiazzati.

«Ragazzi la pozione fa schifo ma funziona!» lo sentimmo sussurrare.

«Wooow!» esclamò Mario euforico. «Ecco cosa voleva dire con "impercettibile"! Sembra che stia parlando un fantasma dall'aldilà!»

«Ricordate» mormorò ancora Lyon, «appena vedete Entity lanciate il segnale e tenetevi pronti! In bocca al lupo, ragazzi.»

Giorno 77

Introdurmi nella casa della strega è stato semplice. Per nostra enorme fortuna era uscita e con ogni probabilità stava svolazzando ignara nei pressi del villaggio, impegnata nel suo passatempo preferito. Ringrazio il cielo che Borum fosse tornato indietro, spero in tempo per mettere in guardia gli altri villici.

Trovare il vaso, al contrario, è stato più difficile. Baba Yaga è gelosa dei suoi tesori e doveva aver nascosto e protetto l'artefatto con qualche potente incantesimo. Ho rovistato ovunque: nella credenza, nelle casse, perfino sotto il letto, ma senza successo.

All'improvviso ho udito uno stridio raccapricciante provenire dall'esterno. Ho pensato fosse il segnale per l'arrivo del Custode, ma sembrava tutto fuorché il verso di un maiale. Ero già in preda all'ansia, quando il mio sguardo è caduto su un tappeto logoro posizionato sotto un tavolino, in un angolo della stanza. In un lampo ho spostato il mobile, sollevato il tappeto e... ta-daaa: sotto si nascondeva una piccola botola! Prima ho provato ad aprirla tirando con tutte le mie energie, ma nulla. Allora ho deciso di passare alle maniere forti: ho estratto la spada e con mano tremante l'ho puntellata fra le assi, facendo leva per scardinarle.

L'inquietante stridio proveniente dal bosco si faceva più vicino e nel panico ho sferrato un colpo violento che ha spaccato a metà una delle assi, scoprendo uno scrigno sigillato.

Senza pensare l'ho afferrato, ho sistemato in fretta l'asse rotta coprendola con il tappeto, ho rimesso il tavolino al suo posto e mi sono infilato in scivolata sotto il letto nell'esatto istante in cui la porta della casupola si spalancava.

Una risata gracchiante ha invaso l'ambiente, seguita dal tonfo della porta.

Baba Yaga era tornata. Quanto tempo ci sarebbe voluto prima che si accorgesse del danno alla botola e quindi della scomparsa dello scrigno?

Ho pregato che Entity si sbrigasse ad arrivare… I minuti sembravano ore mentre dal mio nascondiglio osservavo la strega vagare per la stanza a bordo del suo mortaio magico. L'ho sbirciata mentre consumava un piatto a base di occhi di ragno fermentati e altre porcherie che al solo pensiero mi torna la nausea. La megera ha trangugiato la sbobba con impressionante rapidità, esibendosi alla fine in uno scandaloso rutto e poi... si è bloccata a pochi passi dal tappeto, fissando il punto esatto in cui si trovava l'asse spaccata.

«Ma che accidenti...?!» ha imprecato, mentre con la magia sollevava il drappo. Quando Baba Yaga si è resa conto che lo scrigno era svanito, le sue grida hanno fatto tremare la casa. Poco dopo si è scatenato il putiferio: all'esterno, sebbene io non riuscissi a sentirlo, un buffo maiale ha iniziato a grugnire istericamente, all'improvviso la casa è caduta nella più completa oscurità e ho percepito una voce bassa e lenta, vibrante di pura potenza.

«*Il vaso di Pandora*» ha sibilato, e quelle sole sillabe sono bastate a farmi gelare il sangue nelle vene. «*Strega, dammi il vaso.*»

Baba Yaga, che pure sembrava sorpresa e scossa dalla presenza del Custode, era però abbastanza furibonda da mettersi a inveire perfino contro di lui.

«Come se tu non sapessi dov'è! Me l'hai rubato!»

La tensione è divenuta palpabile mentre i loro poteri crescevano a dismisura, cozzando l'uno contro l'altro. Era il mio momento.

Da sotto il letto ho lanciato la pozione accecante, riparandomi gli occhi. Poi sono strisciato fuori impugnando lo specchio, pronto a puntarlo contro Entity. Ma proprio quando mi trovavo a un passo dal Custode, sollevando lo sguardo su di lui, ho avvertito ogni energia svanire dal mio corpo. La sola vista di quella creatura ha quasi fatto sprofondare la mia mente in un abisso: vestito di bianco, con un cappuccio che gli copriva il volto, l'unico dettaglio visibile erano gli occhi. Due ardenti tizzoni rosso sangue saettavano in ogni direzione come impazziti, ancora accecati dalla pozione. Sono rimasto a fissarlo, senza più sapere dove fossi e perché, poi le urla della strega mi hanno ridestato, gettandomi nel panico.

«E tu chi diamine sei?» ha sbraitato la strega. Quindi, notando lo scrigno stretto sotto il mio braccio, ha aggiunto sputacchiando di rabbia: «E cosa ci fai con il mio preziosissimo vaso?».

L'effetto della pozione era terminato ed ero stato scoperto. Avevo fallito.

Entity

Quando spalancammo la porta della casetta di Baba Yaga ci rendemmo conto di essere arrivati proprio all'ultimo secondo.

Lyon fissava inerme la strega e quello che immaginai essere Entity. Nel fulmineo istante in cui incrociai lo sguardo del Custode per poco non ebbi un mancamento, ma al pensiero di Lyon sul punto di essere annientato, mi ripresi subito e gli gridai a pieni polmoni: «Lyon, lo specchio!».

Le due creature si voltarono verso di noi, sconcertate dalla folla che all'improvviso si era radunata in quella casupola. Negli occhi luminescenti di Entity si dipinse un'espressione di sorpresa e furia, ma ormai era troppo tardi: Lyon stava puntando lo specchio verso di lui e un accecante bagliore si sprigionò dalla superficie riflettente dell'artefatto.

Un attimo dopo Lyon stringeva tra le mani la spada più grande, strana e incredibile che io avessi mai visto.

«Nessuno lascerà questa casa finché non riavrò il mio scrigno!» gridò la strega, furibonda e con gli occhi che minacciavano di uscirle dalle orbite.

Lyon aveva recuperato la spada dall'anima di Entity, ma se ne stava come imbambolato. «Che ti prende, dai, dobbiamo andarcene!» cercai di smuoverlo senza ottenere alcuna reazione.

Intervenne Stefano che lo tirò via con forza, gridando a squarciagola per sovrastare le urla della strega: «Mario la Macchina del Tempo! Tira fuori la macchina!»

Mario tentò di aprire il borsellino, ma questo gli cadde dalle mani, finendo sotto il letto della megera. Tra le grida di Baba Yaga e il caos generatosi nel tentativo di recuperare il portamonete magico, la casa iniziò a tremare sempre più forte: la collera di Entity stava riempiendo l'intera stanza, facendoci sentire come minuscoli topolini schiacciati in un angolo.

«*Che veniate dal passato, dal futuro o da un altro pianeta, non vi farete ritorno*» tuonò.

Il fragore del terremoto divenne assordante ma la voce del Custode risuonava chiara e schiacciante nelle nostre teste.

«L'ho trovato!»

Con uno sforzo immane mi girai: Lyon e Stefano erano rannicchiati in un angolo della stanza, il primo con la spada stretta in grembo e lo sguardo perso nel vuoto, l'altro che tentava di farlo riprendere e allo stesso tempo di proteggerlo; Baba Yaga volteggiava su e giù a bordo del suo mortaio volante scagliando incantesimi che per fortuna non colpivano altro che le pareti. Poi vidi Mario che, all'altro lato della stanza, si era infilato sotto il letto e ora sventolava il borsellino.

«Mario, fai presto!» mi sentii gridare. Ed ecco che accadde l'impensabile che ci salvò tutti.

Mario infilò la mano nel borsellino magico e la ritrasse subito dopo con una smorfia di disgusto, ritrovandosela ricoperta di un'appiccicosa sostanza verde. In una frazione di secondo, dove prima si trovava il letto della strega, stava ora crescendo a dismisura e a una velocità sconcertante un colossale blocco di slime verde brillante.

Caccola!

In pochi istanti la casa della strega, non riuscendo a contenere la gigantesca creatura, esplose in mille pezzi e potrei giurare di aver visto le sue zampe correre via terrorizzate nel folto del bosco, ognuna in una direzione differente.

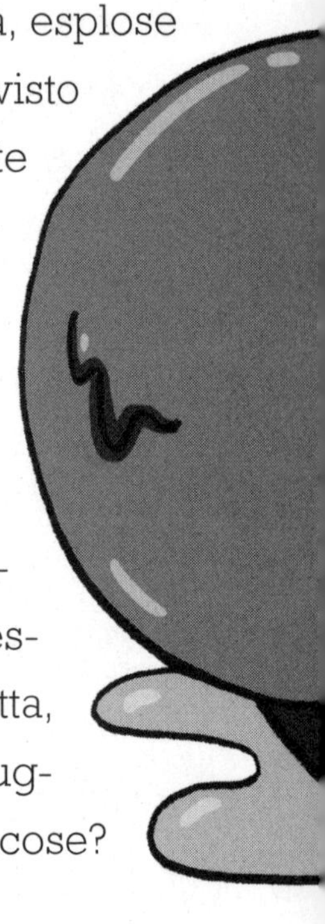

Una gigantesca ondata di melma ci investì, trascinandoci fuori e io mi ritrovai a nuotare nelle profondità di un oceano verde, tentando disperatamente di risalire in superficie. Non essendo mai stata una nuotatrice provetta, quante possibilità potevo avere di sfuggire alla presa di quelle onde appiccicose?

Per mia fortuna non fui costretta a scoprirlo perché mi sentii strattonare verso l'alto e sollevando lo sguardo incrociai quello di Lyon, che a fatica cavalcava un'onda di slime a bordo della porta scardinata della casupola di Baba Yaga.

«Dobbiamo trovare gli altri prima che la strega

o Entity riescano a liberarsi!» mi gridò con voce piegata dalla stanchezza.

Recuperare Mario fu facile: Caccola doveva averlo riconosciuto come suo padrone, perché lo vedemmo sano e salvo intento a rimbalzare sulla superficie elastica dell'enorme cubo di melma. Non appena ci scorse, iniziò ad agitare le braccia, frenetico.

«Stefano è rimasto invischiato là in basso!» gridò indicando un punto sotto i suoi piedi. «La Macchina del Tempo è pronta, sbrigatevi!»

Senza perdere tempo Lyon mi affidò il vaso di Pandora e la spada Galatea e fece per tuffarsi nello slime, che però lo respinse con forza facendogli fare una capriola all'indietro.

«Caccola ha raggiunto la sua forma semisolida! Non puoi entrare così!» gridò a quel punto Mario.

«E allora parlagli!» esclamai io con voce isterica. «Sei il suo padrone, no? Digli di sputare fuori Stefano così ce ne andiamo da qui!»

Per un momento vidi aleggiare sul suo volto una stupida espressione che voleva dire: "Ma perché non ci ho pensato prima?", poi Mario si inginocchiò sullo slime e, dopo avergli sferrato qualche colpetto, gli intimò di sputare fuori Stefano.

Di colpo la superficie di gelatina prese a tremare e si udirono una serie di schiocchi: Stefano schizzò fuori come un razzo e poco ci mancò che tirasse una potente testata a Mario, ancora accucciato a osservare la superficie cercando di individuarlo nelle profondità.

Anche se molto appiccicaticcio e decisamente sotto shock, Stefano sembrava stare bene e quando riaprì gli occhi mormorò a fatica: «Vi prego, basta con la melma...».

In un baleno ci stringemmo attorno alla Macchina del Tempo, Lyon fece ruotare il cerchio più grande dell'orologio dorato per due volte in senso orario e immediatamente la radura e l'immensa distesa di gelatina intorno a noi sparirono, mentre le grida di Baba Yaga e la furia di Entity si scatenavano alle nostre spalle, ormai distanti.

L'unione fa la forza

Quando aprii gli occhi, mi ritrovai su un tappeto d'erba verdissima, in un luogo di una bellezza incredibile. Lyon, Mario e Stefano erano accanto a me, già svegli. E c'era anche Steven.

Rivolsi loro uno sguardo confuso e meravigliato al quale Steven rispose con un sorriso.

«Bentornata anche a te, Anna. Quando siete riapparsi nella vostra casa sulla collina eravate svenuti, il viaggio e l'incontro con Entity devono avervi stordito. Per proteggervi dalla sua ira ho deciso di portarvi qui, nel luogo più sicuro che esista: la Valle della Vita.» Poi il suo sguardo si posò fiero su ognuno di noi e disse: «Non ho dubitato di voi nemmeno per un istante. Venite, andiamo ai piedi dell'Albero del Mondo, la sua energia vitale vi curerà».

Lyon aveva già visitato quel luogo incantato, ma per noi fu un'enorme sorpresa. Rimanemmo a fissare il gigantesco albero con gli occhi sgranati e le bocche semiaperte. Lyon ridacchiando si avvicinò a me e mi disse: «Bello, eh?».

Gli sorrisi inebetita, troppo stanca e sopraffatta da tutte le emozioni della nostra più recente avventura, poi frugai nel suo zainetto tirandone fuori il Fiore.

Come avvertendo l'energia del suo genitore, il Fiore iniziò a brillare intensamente emanando purissimi bagliori argentei.

Solo allora mi resi conto dei risultati che il nostro viaggio aveva prodotto e Steven, come ogni volta, anticipò ogni nostra parola.

«Il Pandemonium è sconfitto. O meglio, non si è mai scatenato nel nostro mondo. Ogni cosa è sana e salva al suo posto, anche il vostro villaggio.»

Ci lasciammo cadere sull'erba, esausti ma soddisfatti del nostro successo. Solo Lyon non riusciva ancora a rilassarsi, pareva inquieto e pieno di dubbi e domande in sospeso. Steven lo anticipò cercando di rassicurarlo: «I risultati che vedi intorno a te parlano da soli: il Pandemonium è solo

un brutto ricordo che soltanto noi conserveremo. Avendo alterato il corso degli eventi, il contagio non si è mai verificato e nessuno ha dovuto patirne. Ma la follia di Entity non è cambiata ed egli minaccia ancora di distruggere il nostro mondo. Ti comprendo se temi che il vaso di Pandora possa ancora finire nelle mani sbagliate, ed è per questo che provvederò io stesso a metterlo in sicurezza, una volta per sempre».

Mentre pronunciava quelle parole, lo scrigno contenente il vaso iniziò a levitare e lentamente fluttuò verso l'Albero del Mondo, sparendovi all'interno.

Non riuscii a immaginare quale soluzione avesse in serbo Steven per il devastante vaso, ma non esserne a conoscenza era meglio per tutti.

Giunse la sera e nella vallata l'argenteo bagliore dell'Albero del Mondo si fece soffuso.

«Lyon, spero di aver dissipato la tua preoccupazione» disse Steven, il cui sguardo si posò sull'Albero, «ma so che c'è ancora un grande punto di domanda nella tua mente.»

Con un morbido gesto della mano Steven richiamò la spada sacra che fino a quel momento era rimasta adagiata nell'erba. La vidi aleggiare verso di noi e quando infine ci raggiunse si adagiò delicatamente sul grembo di Lyon, per poi restare immobile.

«La sacra spada Galatea» mormorò Lyon, posando una mano sull'impugnatura.

Era la spada più grande e bizzarra che avessimo mai visto ma, nonostante le dimensioni, sembrava che fosse molto facile per Lyon brandirla.

La lama luccicava come una lastra di vetro in cui fossero rimasti intrappolati i bagliori di un'aurora boreale, incredibilmente resistente e affilata. L'estremità era la parte più strana, perché si apriva in tre punte, ma sospettavo che il reale potere di quell'arma non fosse fisico, bensì magico.

Steven osservò compiaciuto Lyon mentre studiava l'arma. «Come avrai capito sei tu il prescelto che dovrà impugnarla contro il Custode dell'Ordine.»

«Prescelto?! Pensavo spettasse a te!»

Scuotendo la testa, Steven fece per toccare la spada, ma la sua mano vi passò attraverso come fosse un fantasma.

«Come puoi vedere io non posso nemmeno

toccarla. Solo il prescelto può recuperarla dal suo nascondiglio e usarla nella battaglia finale per bandire il Custode e placarne la follia distruttrice.»

Io e i ragazzi eravamo sbalorditi quanto Lyon. Steven proseguì: «I Custodi dell'Ordine sono immortali ma possono essere cacciati e le loro facoltà possono essere annullate temporaneamente. La spada che tieni in grembo ha proprio questo incredibile potere e, come potete comprendere da voi, è un'arma che va utilizzata con molta saggezza. Ricorrere a una soluzione così drastica è consigliato solo nel caso in cui il Custode diventi una minaccia reale».

«E tu credi davvero che Lyon possa affrontare e sconfiggere una creatura simile?» domandai preoccupata.

«Non sottovalutare la forza di Lyon» mi rincuorò Steven, «e nemmeno la tua e quella dei tuoi amici. Ho avuto modo di osservarvi lottare molte volte e so che insieme siete in grado di compiere qualsiasi impresa. Inoltre ho ragione di pensare che tutti voi siate i prescelti per questa battaglia.»

«No!» proruppe Lyon. «Non voglio che loro corrano questo rischio. Avrei dovuto affrontare subito Entity!»

«Sciocchezze! Ti fa onore il desiderio di proteggere chi ami, ma la vostra forza sta nell'unione, e sono certo che i tuoi amici non ti lascerebbero mai andare da solo» disse Steven.

Io, Mario e Stefano ci stringemmo attorno a Lyon annuendo.

Steven aveva ragione, inoltre sapevamo tutti che nella casa di Baba Yaga non avremmo potuto fare nulla per battere il Custode: eravamo esausti e sotto shock e non sapevamo nulla dei poteri della spada Galatea né come utilizzarla.

«Io vi aprirò la strada affrontando Entity stanotte, così da darvi il tempo di rimettervi in forze e indebolirlo a sufficienza da permettervi di compiere la vostra missione.» Quando Steven riprese a parlare, aveva lo sguardo perso nel cielo ormai buio, come se la sua mente fosse altrove.

«È giunto il momento per me di andare. Ricordate: per annullare il potere del Custode dovrete toccare il suo cuore con la sacra spada Galatea. Spero di riuscire a sfiancarlo abbastanza da aprirvi uno spiraglio nelle sue difese, ed è fondamentale che voi agiate insieme, come un'unica persona, o non riuscirete mai a sopraffarlo.»

«Ci rivedremo?» domandò Lyon.

Steven si limitò a sorriderci, poi si allontanò.

Giorno 77

Ebbene sì, questa volta ho rischiato davvero di rimetterci le penne! Spero proprio di non avere mai più a che fare con quella terrificante Baba Yaga.

Quanto a Entity... Steven è partito e noi siamo rimasti ai piedi dell'Albero a riposare e ricaricarci per la nostra ultima e più incredibile avventura. I miei amici sono decisi a venire con me, dimostrandomi ancora una volta una grande lealtà. Non vorrei sembrare un sentimentale, ma mi sono commosso.

E poi... non posso non scriverlo nel diario, stasera è successa anche un'altra cosa: Anna mi ha baciato!

Non il solito bacetto sulla guancia che mi dà di tanto in tanto quando è particolarmente di buon umore, ma un bacio vero e proprio.

Mario e Stefano si sono voltati a guardare il lago facendo finta di niente, ma io mi sono sentito avvampare, mi sa che avevo lo stesso colore di un blocco di Pietra Rossa.

«Dovunque andrai, qualsiasi cosa dovrai affrontare, io sarò con te» mi ha mormorato senza guardarmi, imbarazzata quanto me ma decisa a mettere in chiaro la situazione.

A quel punto gli altri si sono uniti goffamente a noi. Mentre Mario e Stefano mi sferravano pacche sulle spalle complimentandosi, Anna mi ha rivolto il sorriso più dolce che io abbia mai visto.

Battaglia nello spazio

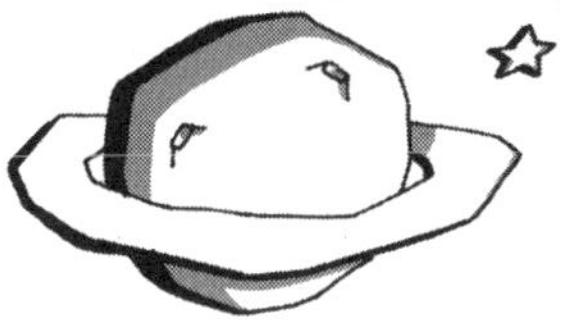

La mattina dopo scoprimmo che Steven aveva preparato tutto: rifornimenti di cibo e pozioni da utilizzare in caso di difficoltà, set di armature nuove e armi studiate appositamente per ognuno di noi.

Mario aveva ricevuto una favolosa katana in grado di governare la forza dei venti e sferrare poderosi fendenti; a Stefano era toccato un bellissimo arco incantato capace di scagliare tre frecce in contemporanea e a me una vera bacchetta magica vincolata al potere del fuoco dell'Inferno.

Ancor prima di domandarmi come avremmo raggiunto Entity, sapevo già che Steven aveva risolto anche a questo e vedendo il Confine dell'Abisso posato poco distante dall'Albero ne ebbi la certezza. Doveva averlo ricaricato, anche se per noi continuava a rimanere un mistero.

«Lo Straniero è davvero un grande!» esclamò Stefano terminando di indossare la sua nuova armatura.

Una volta pronti, ci avvicinammo al Confine dell'Abisso, incerti su cosa fare.

«Pensate che funzionerà anche se non conosciamo la nostra destinazione?» domandai fissando il cielo con ansia, troppo spaventata dagli effetti ipnotici dell'artefatto per guardarlo.

«Concentratevi sul ricordo di Entity, credo che nessuno di noi faticherà a farlo...» disse Lyon.

In effetti dimenticare quegli occhi rossi e quello sguardo diabolico sarebbe stato impossibile, anche volendolo.

Quindi posammo tutti le mani sul cubo: in un attimo il buio ci avvolse e ci ritrovammo all'interno del Confine dell'Abisso.

Lyon ci era già passato, ma io e i ragazzi rimanemmo allibiti e increduli di fronte alle finestre sull'universo, fino a che all'improvviso una delle facce del cubo vibrò, mutando scenario.

«Che posto è?» domandai fissando il luogo oltre il vetro, senza riuscire a riconoscerlo.

«Temo che l'unico modo per scoprirlo sia andarci» sentenziò Mario.

Eravamo pronti, avevamo suddiviso fra di noi tutte le scorte e non c'era più alcuna scusa per rimandare l'inevitabile.

Inspirammo profondamente, quindi toccammo la superficie del cubo.

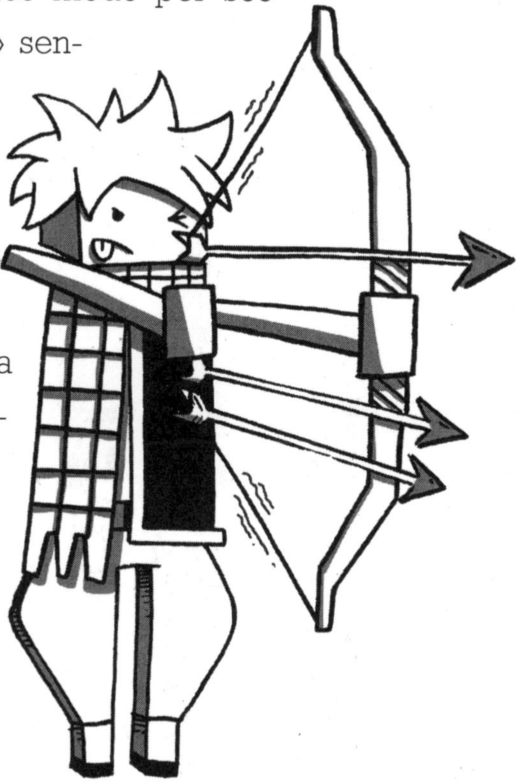

Non sapevo cosa ci avrebbe aspettato dall'altra parte, ma mai avrei immaginato di finire in un posto simile. Appena posammo i piedi sul lastricato scuro del pavimento e osservammo fuori da una delle grandi arcate dell'imponente costruzione in cui ci trovavamo, capimmo subito che non eravamo più nella nostra dimensione.

«Ci siamo» sussurrò Lyon stringendo la spada Galatea mentre anche noi estraevamo le armi.

Sapevamo che poco prima Steven doveva aver affrontato Entity in quello stesso luogo ma, a parte ciò, si sarebbe detto che mai anima viva ci avesse messo piede.

Al posto del tetto si apriva un'enorme cupola di vetro attraverso la quale si poteva ammirare la vastità dell'universo.

«Una vista magnifica, non trovate?»

Sussultai violentemente nell'udire quella voce e quando ci voltammo lui era lì, sospeso in aria a pochi blocchi da noi.

«Come Custode dell'Ordine, ho ritenuto opportuno avere una vista perfetta sul mondo che proteggo. E che presto sarà mio. Spero apprezzerete la mia scelta architettonica.»

Quel suo atteggiamento spavaldo, perfino sprezzante, invece che darmi sui nervi mi fece paura.

Non ricevendo risposta da nessuno di noi, continuò con disinvoltura: *«Avete mai provato la bizzarra sensazione di svegliarvi una mattina e avere l'improvvisa consapevolezza che duecento anni della vostra storia sono cambiati in un attimo?»*.

Rabbrividii e Lyon mi strinse la mano, continuando a fissare lo sguardo infuocato del Custode.

«Be', sono cose che capitano» commentò Lyon ostentando un tono forzatamente sfacciato.

Il Custode scoppiò in una risata cupa che mi fece venire la pelle d'oca.

«Scherzerai ancora per poco. Che un gruppo di ragazzini interferisca con il mio sacro compito è un affronto che non deve essere tollerato.»

In un istante intorno a noi calò la più completa oscurità. Per quanto fossi consapevole di avere i miei amici accanto, non riuscivo ad avvertirne la presenza. All'improvviso sentimmo un fragore assordante di vetri che andavano in frantumi e avvertimmo una forza incredibile trascinarci verso l'alto.

«La cupola di vetro si è spaccata e la pressione ci sta trascinando nel vuoto!» udii gridare al mio fianco.

Che sciocchi eravamo stati. Come potevamo pensare di affrontare un'entità potente come il Custode e credere di avere una possibilità di vittoria?

Fui schiacciata dall'angoscia mentre intorno a me udivo le grida di Lyon e degli altri che, come me, sapevano di stare andando incontro a morte certa.

«La pozione fluorescente!» fu l'urlo improvviso e disperato di Mario. «Bevete la pozione che luccica!»

Frugai rapida nella tasca in cui avevo riposto le pozioni preparateci da Steven, e fui attratta dal debole bagliore emanato da una delle fiale. La presi con mano tremante, notando un bigliettino legato al collo della bottiglia: "Bolla d'aria" diceva.

Peggio di così non poteva andare, così la stappai e ne trangugiai il contenuto. Subito le mie orecchie si tapparono e avvertii una forte pressione intorno alla testa.

Annaspai disperata, convinta che il liquido non avesse avuto alcun effetto e fosse ormai troppo tardi.

Vidi che anche gli altri vorticavano nel vuoto, circondati dalle stelle.

Il petto stava per scoppiarmi per la mancanza d'aria, e quando d'istinto provai a inspirare... i polmoni si riempirono di puro ossigeno. Sbalordita mi guardai intorno, e vidi i miei amici galleggiare goffamente al mio fianco.

La pozione aveva funzionato: anche se era invisibile, intorno alle nostre teste si era formata una sorta di molle casco spaziale, letteralmente una bolla d'aria.

Un'improvvisa risata tuonò intorno a noi, facendoci sguainare le armi, ansiosi.

«*Ho pensato che avreste apprezzato un panorama MOZZAFIATO come questo.*»

«Fatti vedere!» gridò Lyon rabbioso, impugnando saldamente la spada Galatea, come se quel gesto riuscisse a infondergli più coraggio.

«*Come desideri, Lyon.*»

Per un instante vidi gli occhi rossi di Entity lampeggiare a un passo da noi, poi fummo investiti da una pioggia di meteore.

Ci ritrovammo a dover schivare le rocce volteggiando da un punto all'altro senza sosta, mentre Mario sferzava l'aria con la sua katana mandando le rocce in frantumi.

Ci sentivamo come marionette in uno spettacolino allestito per il divertimento di Entity.

Lyon iniziò a perdere la pazienza: si bloccò guardandosi intorno furioso ma del Custode non c'era traccia.

D'un tratto una gigantesca meteora sfrecciò proprio nella sua direzione. Preso di sorpresa, lo avrebbe senza dubbio colpito, ma Stefano riuscì a spaccarla scoccando tre frecce con il suo nuovo arco.

«Lyon, devi riuscire a trovarlo o rimarremo intrappolati in questa pioggia di meteore in eterno!» gli gridai prima di essere costretta a saltare via, schivando l'ennesima minaccia.

Se Entity non si prendeva il disturbo di scendere in battaglia, bisognava che Lyon andasse da lui per trascinarcelo.

Steven doveva essere davvero riuscito a fiaccarlo, se si rifiutava di combattere.

Notando che le meteore si generavano da un preciso punto, Lyon iniziò a risalirne la corrente saltandoci sopra, mentre noi lo seguivamo tentando di distruggere quelle che lo ostacolavano nella sua scalata.

Quando infine giungemmo alla fonte della pioggia di meteore, scoprimmo che era lo stesso Entity a generarle, non senza un certo sforzo, a giudicare dallo sguardo concentrato.

«Fine dei giochi, Custode! È ora di un faccia a faccia!» gli gridò Lyon lanciandosi su di lui con la spada sacra stretta tra le mani.

In risposta quello gli scagliò un enorme masso contro, che Lyon riuscì a rispedirgli indietro, costringendolo a scansarsi per non essere travolto.

Per un brevissimo istante, tutto intorno a noi sembrò vibrare, poi una delle meteore passò letteralmente attraverso Mario. Ci guardammo confusi, incapaci di comprendere ciò che avevamo appena visto, ma Entity non ci concesse tregua.

«Forse non avrei dovuto sottovalutarvi così. Credevo che gli avvertimenti di Steven fossero soltanto i vaneggiamenti di uno stolto in punto di morte. Felice di essermi sbagliato. Sarà più divertente con un pizzico di rischio in più.»

«Come... Come hai detto?» mormorò Lyon a fatica, con la gola stretta da un nodo. Sembrava quasi che facesse fatica a respirare.

Un sorriso maligno pieno di denti tanto scintillanti quanto acuminati si allargò sotto gli occhi brucianti di Entity.

«*Credo di non aver sentito bene, Lyon. Mi hai forse chiesto di ripetere quello che mi ha detto quello sciocco di Steven poco prima di morire?*»

Trattenemmo tutti il fiato, sconvolti.

«Steven non può

essere morto...» sussurrai incredula mentre una morsa gelida mi stritolava il cuore.

«Non amo essere portatore di cattive notizie ma

purtroppo per voi è la verità. Il vostro mentore è morto. E anche in modo piuttosto patetico, devo dire.»

«È una bugia!» gridammo disperati, aggrappandoci a quell'unica flebile speranza.

«*Dite? Eppure a me sembra proprio morto.*»

Il Custode allungò una mano e da un vortice fiammeggiante comparve Steven, pallido come un lenzuolo, la testa ciondoloni e una profonda ferita all'altezza del cuore. I suoi occhi erano aperti e fissavano il nulla, privi di vita.

«No!» singhiozzai.

Poi Entity lasciò cadere il corpo di Steven nell'abisso e scoppiò in una risata gelida, senza gioia.

«*Che enorme delusione sarebbe per lui sapere che il suo pupillo non è stato in grado nemmeno di avvicinarmi!*»

A quelle parole Lyon si fiondò su di lui come una furia, stringendo la spada così forte che le nocche delle mani sbiancarono. Colto alla sprovvista, il Custode parò il colpo generando uno scudo a pochi millimetri dal proprio volto. Intorno a noi tutto vibrò di nuovo e perfino la figura del Custode tremolò per un istante, mostrando il suo vero aspetto, solitamente nascosto dalla lunga cappa bianca.

E finalmente capimmo.

«Finiamola con i trucchetti, Entity. È ora di giocare ad armi pari» gli intimò Lyon.

Brandendo la spada per costringerlo a ingaggiare la lotta, Lyon allungò il braccio libero verso il suo cappuccio e lo strappò via.

Intorno a noi tutto andò in frantumi. Le stelle, le meteore e il Custode stesso si dissolsero nel nulla e un istante dopo ci ritrovammo nel cortile interno della Fortezza.

«Che sta succedendo?!» esclamarono confusi Mario e Stefano, guardandosi intorno increduli.

«*I miei complimenti, Lyon, hai spezzato le mie illusioni.*»

Il Custode applaudiva beffardo dal lato opposto del cortile, il volto finalmente alla luce.

Un brivido mi è sceso lungo la schiena.

Entity non aveva una forma corporea definita, ma era piuttosto uno spirito di puro caos. Dove ci si sarebbe aspettato di trovare il volto c'era invece un vortice, una sorta di buco nero, nel quale due stelle fiammeggianti e una mezzaluna seghettata brillavano al posto degli occhi e della bocca.

«*E adesso vediamo come te la cavi a combattere contro chi dovrebbe essere dalla tua parte...*»

Giorno 78

Il duello con Entity è stato a dir poco spaventoso, e devo ringraziare di essere qui a raccontarlo... Per un tempo che mi è sembrato infinito, ho creduto davvero che i suoi terrificanti occhi infiammati dall'odio sarebbero stati l'ultima cosa che avrei visto in vita mia.

Ma la cosa più difficile di tutte, per me, è stata un'altra: il fatto di dover combattere contro i miei stessi amici!

Dopo aver smascherato le illusioni di Entity, infatti, pensavamo di averlo quasi sconfitto, ma ci sbagliavamo... Mentre ancora fissavo quello sguardo terribile, ho udito una serie di rapidi sibili all'altezza dell'orecchio destro e, quando mi sono voltato, ho visto Stefano che tendeva l'arco nella mia direzione, di nuovo pronto a scoccare contro di me le sue frecce incantate.

«Scusa Lyon!» ha gridato disperato, nell'evidente sforzo di impedire al suo corpo di piegarsi alla volontà di Entity.

Ho tentato di scagliarmi contro il Custode, ma era svanito nel nulla per lasciare il posto a una gigantesca palla di fuoco che si è schiantata a un blocco da me.

Non avevo il coraggio di voltarmi.

Non avrei sopportato la vista di Anna che tentava di uccidermi.

Improvvisamente ho avvertito un movimento alle mie spalle ed è stato solo grazie alla spada Galatea che sono riuscito a parare il potente colpo che Mario mi aveva sferrato alle spalle.

«Mario... Anche tu...»

È stato in assoluto il combattimento più duro e sofferto che abbia mai affrontato in tutta la mia vita e dubito che potrò mai trovarmi coinvolto in battaglie peggiori.

Mi limitavo a parare e schivare i colpi dei miei amici, senza reagire né lottare a mia volta: non ne avevo la forza.

A ogni attacco leggevo il tormento sui loro volti. A nulla servivano le mie suppliche di fermarsi, perché non agivano spinti dalla loro volontà.

Dall'alto, Entity continuava a farsi beffe di noi, muovendo i miei amici come fossero burattini.

Anna, Mario e Stefano sembravano infaticabili, come se le loro energie arrivassero direttamente da colui che li governava.

E alla fine ho ceduto. Troppo stanco per scappare ma continuando a rifiutarmi di attaccare i miei amici, ho preferito cadere sotto i loro colpi piuttosto che ferirli.

È stato straziante. Non tanto per le frecce, le fiamme e le lame che mi hanno colpito, quanto per la consapevolezza che così come io stavo morendo per mano loro, poi sarebbe toccato a loro morire per mano del Custode.

Ho avvertito le loro grida di dolore e la risata trionfante di Entity, poi il nulla...

Mi sono sentito fluttuare. Sapevo che la vita mi stava abbandonando, eppure avvertivo una forza immensa trascinarmi indietro, costringendomi a tornare al mio corpo dolorante.

Non volevo vedere ciò che stava accadendo.

Non volevo assistere alla morte dei miei amici.

Non volevo guardare il nostro mondo distrutto per mano di Entity. Volevo solo andarmene e riposare...

E all'improvviso mi sono ritrovato riverso a faccia in giù sul lastricato.

Sentivo il mio corpo pesare cento volte più di quanto ricordassi e non riuscivo a capire se fosse vita o morte quella in cui mi trovavo.

Ho aperto a fatica gli occhi e un dolore immenso mi ha travolto quando ho visto, poco distanti, i corpi dei miei amici privi di vita.

Ho cercato di stringere i pugni per soffocare la disperazione e a quel punto mi sono reso conto che in una mano tenevo ancora la spada Galatea e nell'altra... stringevo una piccola statuina dorata dagli occhi vuoti.

Un Totem dell'Immortalità.

Ho guardato verso Anna e ho notato un impercettibile fremito della sua mano, da cui spuntava un altro Totem.

Incredulo, faticavo a realizzare cosa fosse accaduto, quando un movimento alle mie spalle ha attirato la mia attenzione.

Entity stava avanzando verso di me, probabilmente con l'intento di recuperare la spada sacra e rinchiuderla nuovamente nella sua anima malvagia e corrotta.

Si è inginocchiato al mio fianco ma...

Prima che la sua mano potesse raggiungermi, un fragore assordante e un nugolo di frecce infuocate sospinte da un vento tagliente si sono schiantati sul Custode.

«Lyon, ora!» ho sentito gridare in coro i miei amici.

Mi sono girato, Entity era sopra di me, il volto sconvolto sferzato dai colpi che non era riuscito a parare in tempo.

«Con il potere della sacra spada Galatea, io ti bandisco, Custode dell'Ordine Entity!» ho gridato con quanto fiato avevo in gola, affondando la lama all'altezza del suo cuore.

Il Custode ha tremato con violenza, incapace di realizzare la sconfitta.

«È finita» ho sentenziato guardandolo negli occhi che ora luccicavano debolmente, finché quel bagliore maligno che tanto ci aveva terrorizzato infine si è spento.

Poi di colpo Entity è svanito, risucchiato dal vuoto che si apriva sopra le nostre teste.

Anche questa volta, incredibilmente, ce l'avevamo fatta!

Epilogo

Dopo lo scontro con Entity, facemmo ritorno alla Valle della Vita grazie alla carica residua del Confine dell'Abisso, sperando di trovarvi Steven. Se eravamo sopravvissuti alla battaglia era soltanto grazie a lui e ai Totem che ci aveva segretamente donato prima di partire, ed eravamo aggrappati alla speranza che l'immagine del suo corpo senza vita fosse solo un'altra delle tante illusioni che il Custode ci aveva mostrato.

Ma quando giungemmo nella Valle, delusi e molto tristi, scoprimmo che il nostro amico non c'era. Eravamo ormai convinti che non lo avremmo mai più rivisto, quando Lyon ci chiamò sventolando un pezzo di carta che aveva trovato ai piedi dell'Albero.

«Ragazzi, sbrigatevi, venite subito qui!» gridò saltando come impazzito, in preda a una gioia incontenibile.

Quello che teneva in mano, infatti, era un messaggio di Steven.

Caro Lyon,

sapevo che tu e i tuoi amici ce l'avreste fatta e sono immensamente fiero di voi. Grazie al vostro coraggio la Valle della Vita e il suo portentoso albero sono salvi, e con loro il nostro intero mondo.

Mi spiace di non essere lì ad accoglierti, ma un nuovo compito e una nuova responsabilità mi attendono: sarò infatti io il nuovo Custode dell'Ordine. E tra i miei primi doveri, c'è quello di trovare il modo di distruggere una volta per tutte il vaso di Pandora ed evitare che questa terribile disgrazia del Pandemonium si ripeta.

Ma non temere, non ho dimenticato la promessa che ti ho fatto, cioè di darti la chiave per accedere alla dimensione delle divinità oltre il vetro.

E non ci sarà bisogno di rincontrarci, perché è già nelle tue mani: è il Confine dell'Abisso. Con quell'artefatto, potrai raggiungere la meta a cui tanto ambisci da tempo.

Confesso di essere stato un po' sleale con te al riguardo, ma concedimi che la situazione era talmente grave da giustificarlo.

Buona fortuna mio caro amico, e grazie di tutto!
Sono certo che ci rivedremo presto.

Steven

Indice

Finito di stampare nel mese di dicembre 2018
presso Grafica Veneta, Trebaseleghe (Padova)